AF493435

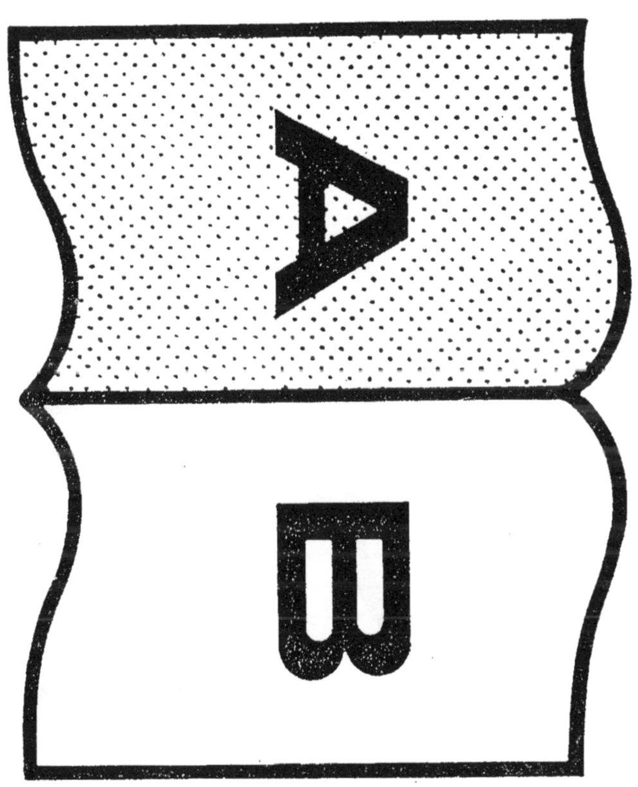
A
B

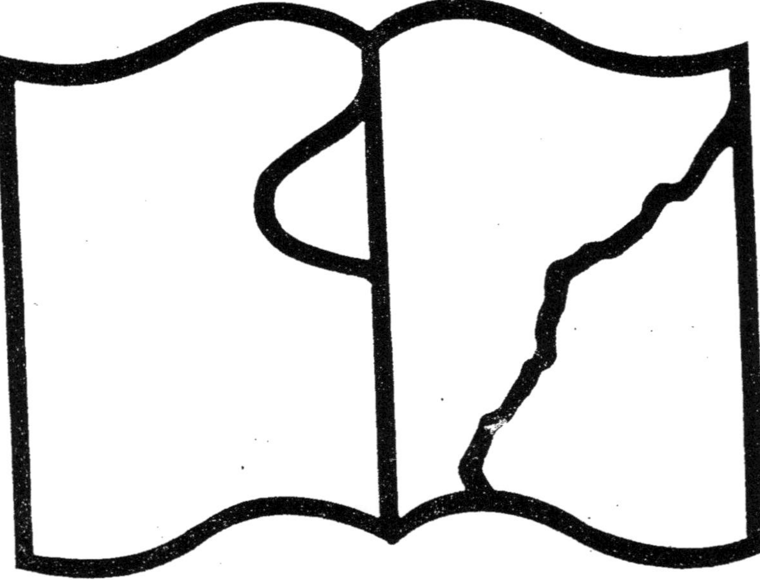

Texte détérioré — reliure défectueuse

NOTICE
DES OUVRAGES
DE
M. D'ANVILLE.

NOTICE
DES OUVRAGES
DE
M. D'ANVILLE,

Premier Géographe du Roi, Membre de l'Académie des Inscriptions et Belles-Lettres, et de l'Académie des Sciences de Paris, de celle des Sciences de Saint-Pétersbourg, de la Société des Antiquaires de Londres, et Secrétaire ordinaire de M. le Duc d'Orléans;

PRÉCÉDÉE

DE SON ÉLOGE.

A PARIS,

Chez { FUCHS, Libraire, rue des Mathurins;
DEMANNE, à la Bibliothèque Nationale.

DE L'IMPRIMERIE DE DELANCE.

AN X. (1802.)

AVANT-PROPOS.

La grande réputation dont jouissent les ouvrages géographiques de M. d'Anville, faisoit désirer, depuis long-temps, une notice exacte et détaillée de ses œuvres. C'est pour remplir ce vœu du public, que nous nous empressons de donner celle-ci. Elle n'est peut-être pas aussi parfaite qu'elle l'auroit été, si M. d'Anville s'en étoit occupé lui-même, comme il en avoit l'intention; néanmoins nous pouvons assurer que nous n'avons épargné ni peines, ni soins, pour recueillir les notions les plus étendues sur ses ouvrages. Nous avons feuilleté toute la Collection géographique du ministère des Relations Extérieures, dont le fonds est celle que M. d'Anville avoit formée lui-même; nous avons examiné tous les manuscrits et les dessins qui sont restés entre les mains de ses héritiers, et nous avons consulté les personnes qui connoissent le plus ses ouvrages. Si nous avons fait quelque omission, nous recevrons avec reconnoissance les renseignemens que l'on nous communiquera à cet égard.

Nous avons tâché de rendre cette Notice à la fois intéressante et utile : 1°. en indiquant dans le Catalogue des cartes gravées, autant que nous avons pu le savoir, les ouvrages particuliers auxquels ces cartes sont attachées; et pour celles de son fonds, en marquant les changemens successifs que M. d'Anville y a faits souvent et à diverses époques. Les années qui sont renfermées entre parenthèses, sont celles dont l'indication a quelque incertitude; mais ces dates ne peuvent différer que de très-peu des véritables, et elles ne peuvent, en aucune manière, empiéter l'une sur l'autre. Quelquefois nous avons rapporté les motifs qui ont engagé M. d'Anville à dresser ou à supprimer telle ou telle carte. 2°. Dans le Catalogue des ouvrages imprimés, nous avons désigné les cartes qui doivent accompagner chaque ouvrage ou chaque mémoire; en sorte que, par cette indication, on saura facilement si on a chacun des ouvrages de M. d'Anville complet.

Ces deux Catalogues sont précédés de l'Éloge de M. d'Anville, fait par M. Dacier, secrétaire perpétuel de l'Académie des Inscriptions et Belles-Lettres, comme peignant parfaitement l'homme et donnant une juste idée du géographe. En effet, M. d'Anville, admiré de toute l'Europe, a poussé la géographie à un très-haut degré de perfection : la collection de ses cartes gravées, et sur-tout celle de ses quatre parties du monde, forme un ensemble complet de géographie, qui ne sera point surpassé de sitôt; et le recueil de ses mémoires offre un modèle rare de critique, et des exemples à suivre pour tous ceux qui veulent se livrer à ce genre d'étude. Les Anglais ont si bien apprécié le mérite de ses cartes et de ses ouvrages, qu'ils les ont presque tous fait passer dans leur langue; ils ont même une telle estime pour lui, qu'ils ne croient pas pouvoir honorer davantage leur plus habile géographe actuel (le major Rennell), qu'en l'appelant *le d'Anville de l'Angleterre.*

M. d'Anville avoit trouvé la géographie déjà fortement cultivée en France. Guillaume Delisle, et avant celui-ci les Sanson, avoient fait faire de très-grands pas à cette science; mais M. d'Anville, par sa profonde érudition et sa sagacité rare, en a reculé bien au delà les limites. On peut assurer, qu'avant de publier ses ouvrages, il avoit tout vu, tout lu, tout examiné; delà vient l'espèce de perfection à laquelle il a, en quelque façon, conduit la science en général. Ses Cartes étoient dessinées avec autant de goût et de netteté qu'elles sont gravées; et les détails en sont exprimés avec une précision que l'on chercheroit en vain dans les cartes précédentes. Aussi, M. Gréen, anglais, dans son Mémoire sur les Cartes marines de l'Amérique qu'il a dressées, dit-il que sur *celle de M. d'Anville, les côtes y sont plus exactement tracées pour l'avantage de la Navigation, que dans aucune autre carte.*

M. de Bougainville, en traversant les Moluques, ne trouva aucune carte marine correcte dans cette partie; mais le hasard lui ayant présenté celle de M. d'Anville, il s'explique ainsi à ce sujet : « Celle

» qui m'a donné le plus de lumières, est » la carte d'Asie de M. d'Anville, publiée » en 1752. Elle est tres-bonne depuis Ceram » jusqu'aux Iles Alambaï. Dans toute cette » route, j'ai vérifié, par mes observations, » l'exactitude de ses positions et des gisse- » mens qu'il donne aux parties intéres- » santes de cette navigation difficile. J'ajou- » terai que la Nouvelle-Guinée et les Iles » des Papous, approchent plus de la vrai- » semblance, sur sa carte, que sur aucune » autre que j'eusse entre les mains. C'est » avec plaisir que je rends cette justice » au travail de M. d'Anville. Je l'ai connu » particulièrement, et il m'a paru aussi » bon citoyen que bon critique et savant » éclairé ».

D'après des témoignages aussi formels de marins, on doit être fort étonné, que dans toutes les découvertes qui ont été faites dernièrement sur le globe par les Francais, on n'ait point appliqué le nom de M. d'Anville à une seule pointe, ou à un rocher; tandis qu'on y voit ceux de tant de personnes qui n'ont nullement mérité de la Géographie et de l'Hydrographie! Chez une nation reconnoissante, on se seroit empressé de donner à de grandes terres le nom de celui à qui la science avoit tant d'obligations; mais tel est le sort des hommes utiles, d'être négligés par leurs contemporains, heureux, quand une postérité plus juste, peut encore leur rendre les hommages qui leur sont dus. Christofle Colomb découvrit l'Amérique, un aventurier bientôt donna son nom à ce continent, et l'on est réduit aujourd'hui à regretter de ne pouvoir rendre à ce grand homme, que des honneurs stériles et une justice sans effet, parce qu'elle a été trop tardive.

On pourra perfectionner certaines parties du globe; on levera, dans un très-grand détail et à grands frais, les cartes de plusieurs contrées; mais pour l'ensemble de la Géographie, on n'aura encore, de longtemps, rien de mieux à consulter que l'atlas de M. d'Anville; il faudra bien des efforts pour surpasser le travail de ce géographe, et le voyageur et le navigateur seront souvent forcés d'avoir recours à ses cartes. M. d'Anville sera toujours le premier géographe de l'Europe, et personne ne pourra lui disputer l'avantage d'avoir porté la lumière dans la géographie de tous les pays et de tous les âges. Les Anglais, les Danois et les autres nations ont eu, plus d'une fois, occasion de rendre justice à son mérite; car, plus d'une fois, il a été leur guide le plus sûr, dans des contrées que l'on croyoit à peine connues, et delà ils ont remporté pour lui un sentiment profond

d'admiration qu'ils n'ont cessé d'exprimer dans leurs ouvrages. Mais, on ne peut citer, à cet égard, un plus bel éloge que celui qui est inséré dans une *Description abrégée des principaux Monumens de l'Égypte*, présentée au Ier. Consul, par le C^en^. Ripault. Ce Français, qui a accompagné Bonaparte en Égypte, a été à même de constater l'exactitude de M. d'Anville sur ce pays, et voici ce qu'il en dit : « Ce savant distin-
» gué a été l'objet continuel de notre éton-
» nement. Par la seule force de sa critique,
» il a assigné, *avec une justesse qui nous*
» *confondoit de surprise*, la position des
» villes anciennes, celles des villages et le
» cours des canaux d'un pays qu'*il n'avoit*
» *jamais visité* ».

Nous avons rédigé cette notice, non-seulement pour faire connoître tous les travaux de M. d'Anville, mais encore dans l'intention de faire de ses *ouvrages imprimés* et des *Cartes qui y sont annexées*, une édition suivie et de même format. Le peu d'étendue de quelques-uns de ses ouvrages et surtout le petit nombre d'exemplaires qu'en a fait tirer M. d'Anville, en rendent la réunion très-difficile, et plusieurs même ne se trouvent plus depuis long-temps dans le commerce. Pour remédier à ces inconvéniens, nous proposons une nouvelle édition, qui sera de format in-4°. Le texte formera 6 volumes de 6 à 700 pages chacun, imprimés en caractères cicéro sur papier carré d'Angoulême, et l'atlas, contenant les 62 Cartes qui ont rapport à ce texte, sera tiré sur papier colombier fin. Ces Cartes sont indiquées dans ce Catalogue, sous les N°s. 42, 43, 46, 47, 48, 49, 50, 52, 54, 55, 56, 57, 58, 59, 76 = 104, 106, 107, 109, 124, 129, 130, 131, 132, 161, 162, 165, 170, 173, 174, 175, 189, 203, 209 et 211.

Tous les ouvrages de M. d'Anville, comprenant sa Géographie ancienne, ses analyses particulières, ses différens mémoires, etc., seront distribués dans un ordre géographique, commode à consulter. A la fin de chaque volume se trouvera une table des matières. On ajoutera à cette édition plusieurs Mémoires intéressans qui sont restés manuscrits, ainsi que quelques Cartes qui n'ont pas été gravées jusqu'à présent. La partie typographique sera, pour le moins, aussi soignée que celle des anciennes éditions; quant à l'exécution des Cartes, le choix que l'on fera des plus habiles graveurs en ce genre, lui assurera le même degré de supériorité que l'on remarque dans celles que M. d'Anville a fait graver lui-même. Cette édition, publiée aux frais du Cen. Demanne, sera revue par lui et par le Cen. Barbié du Bocage, le seul élève qu'ait fait M. d'Anville.

Nous ne demandons, pour commencer cette édition, aucune avance de fonds, mais un simple engagement de prendre un ou plusieurs exemplaires; et aussi-tôt que nous entreverons la possibilité de couvrir nos frais, nous donnerons le premier volume du texte, avec la partie correspondante de l'atlas. Les autres volumes suivront sans retard. Chaque livraison sera de 25 francs pour ceux qui auront souscrit, et de 30 francs pour ceux qui n'auront pas souscrit. Nous imprimerons la liste des souscripteurs dans l'ordre de leurs souscriptions, et les épreuves des Cartes leur seront délivrées dans le même ordre. Nous tirerons 30 exemplaires sur papier vélin.

MODÈLE DE L'ENGAGEMENT.

Je soussigné, m'engage de prendre, à mesure qu'ils paroîtront, aux conditions portées dans la Notice, Exemplaire des volumes de la nouvelle édition des ouvrages imprimés de d'Anville, publiée par le citoyen Demanne.

Ce an

On s'inscrit à Paris, chez le citoyen Demanne, maison de la Bibliothèque Nationale, rue Neuve des Petits Champs, n°. 46, *où l'on peut se procurer les Cartes et les Livres de* M. D'ANVILLE, *marqués d'un astérisque, qui composent son fonds, et se vendent séparément. Les lettres doivent lui parvenir franches de port, sinon elles ne seroient pas reçues.*

Cette Notice se trouve également chez les Libraires ci-dessous dénommés, chargés de recevoir les souscriptions.

à Amsterdam,	MORTIER, COVENS et compagnie; VAN GULIK.
Berlin,	METTRA; ROTTMANN.
Copenhague,	CH. G. PROFT.
Florence,	MOLINI.
Francfort,	ESSLINGER.
Leipsick,	GRIESHAMMER.
Londres,	DE BOFFE, Gerard Street; Wm. FADEN, au coin de S. Martin's Lane, Charing-cross.
Madrid,	GAB. DE SANCHA.
Moscow,	RISS et SAUCET.
St.-Pétersbourg,	KLOSTERMANN.
Stockholm,	FYRBERG.
Vienne,	DEGEN; SCHAUMBOURG et compagnie.

d'admiration qu'ils n'ont cessé d'exprimer dans leurs ouvrages. Mais, on ne peut citer, à cet égard, un plus bel éloge que celui qui est inséré dans une *Description abrégée des principaux Monumens de l'Égypte*, présentée au Ier. Consul, par le Cen. Ripault. Ce Français, qui a accompagné Bonaparte en Égypte, a été à même de constater l'exactitude de M. d'Anville sur ce pays; et voici ce qu'il en dit : « Ce savant distin- » gué a été l'objet continuel de notre éton- » nement. Par la seule force de sa critique, » il a assigné, *avec une justesse qui nous* » *confondoit de surprise*, la position des » villes anciennes, celles des villages et le » cours des canaux d'un pays qu'*il n'avoit* » *jamais visité* ».

Nous avons rédigé cette notice, non-seulement pour indiquer les différens ouvrages de M. d'Anville, mais encore dans l'intention de faire de ses ouvrages écrits et des Cartes qui en dépendent, c'est-à-dire, de ses Œuvres, une édition suivie et de même format. Le peu d'étendue de quelques-uns de ces ouvrages et surtout le petit nombre d'exemplaires qu'en a fait tirer M. d'Anville, en rendent la réunion très-difficile, et plusieurs même ne se trouvent plus depuis long-temps dans le commerce. Pour remédier à ces inconvéniens, nous proposons une nouvelle édition. Elle sera de format in-4°., avec un atlas grand in-fol°. Le texte formera 6 volumes de 6 à 700 pages chacun, imprimés en caractères cicéro sur papier carré d'Angoulême, et l'atlas, contenant les Cartes qui ont rapport à ce texte, sera tiré sur papier colombier fin.

Tous les ouvrages seront distribués dans un ordre géographique, et commode à consulter. A la fin de chaque volume se trouvera une table des matières. On pourra ajouter à cette édition plusieurs Mémoires intéressans qui sont restés manuscrits, ainsi que quelques Cartes qui n'ont pas été gravées jusqu'à présent. La partie typographique sera, pour le moins, aussi soignée que celle des anciennes éditions; quant à l'exécution des Cartes, le choix que l'on fera des plus habiles graveurs en ce genre, lui assurera le même degré de supériorité que l'on remarque dans celles que M. d'Anville a fait graver lui-même ; et le tout sera revû par le C[n]. Barbié du Bocage, le seul élève qu'ait fait M. d'Anville. Si ce projet est accueilli, nous nous y livrerons avec zèle.

Nous ne demandons, pour commencer cette édition, aucune avance de fonds, mais un simple engagement de prendre un ou plusieurs exemplaires ; et aussi-tôt que nous entreverons la possibilité de couvrir nos frais, nous donnerons le premier volume du texte, avec la partie correspondante de l'atlas. Les autres volumes suivront sans retard. Chaque livraison sera de 25 francs pour ceux qui auront souscrit, et de 30 francs pour ceux qui n'auront pas souscrit. Nous imprimerons la liste des souscripteurs dans l'ordre de leurs souscriptions, et les épreuves des Cartes leur seront délivrées dans le même ordre. Nous tirerons 30 exemplaires sur papier vélin.

On s'inscrit à Paris, chez le citoyen Demanne, maison de la Bibliothèque Nationale, rue Neuve des Petits Champs, n°. 46, *où l'on peut se procurer les Cartes et les Livres de* M. D'ANVILLE, *marqués d'un astérisque, qui composent son fonds, et se vendent séparément. Les lettres doivent lui parvenir franches de port, sinon elles ne seroient pas reçues.*

Cette Notice se trouve également chez les Libraires ci-dessous dénommés, chargés de recevoir les souscriptions.

à Amsterdam,	MORTIER, COVENS et compagnie; VAN GULIK.
Berlin,	METTRA; ROTTMANN.
Copenhague,	CH. G. PROFT.
Florence,	MOLINI.
Francfort,	ESSLINGER.
Leipsick,	GRIESHAMMER.
Londres,	DE BOFFE, Gerard-Street; Wm. FADEN, au coin de S. Martin's Lane, charing-cross.
Madrid,	GAB. DE SANCHA.
Moscow,	RISS et SAUCET.
St.-Pétersbourg,	KLOSTERMANN.
Stockholm,	FYRBERG.
Vienne,	DEGEN; SCHAUMBOURG et compagnie.

ÉLOGE

DE

M. D'ANVILLE,

PAR M. DACIER. (1)

JEAN-BAPTISTE BOURGUIGNON D'ANVILLE, premier Géographe du Roi, Pensionnaire de l'Académie des Inscriptions et Belles-Lettres, Adjoint-Géographe de l'Académie des Sciences, de la Société des Antiquaires de Londres, de l'Académie des Sciences de Pétersbourg, Secrétaire ordinaire de M. le Duc d'Orléans, naquit à Paris le 11 juillet 1697, de Hubert Bourguignon et de Charlotte Vaugon.

(1) Cet Éloge, lû dans une séance publique de l'Académie des Inscriptions et Belles-Lettres, est inséré dans le XLVe. vol. de son recueil, p. 160, Hist. On l'a préféré à celui composé par M. de Condorcet, qui se trouve dans les Mémoires de l'Académie des Sciences, parce que ce dernier ne donne qu'une idée peu juste et fort incomplète de la personne de M. d'Anville, de ses longs travaux et de tous ses ouvrages.

Son goût pour la géographie se manifesta presque dès l'enfance : il sembloit l'avoir reçu de la Nature. Cette singularité nous autorise à dire quelque chose de ses premières années. A peine avoit-il douze ans, qu'une carte géographique, tombée par hasard entre ses mains, et la lecture de quelques historiens latins, décidèrent de sa vocation et des affections de toute sa vie. Déjà il consacroit les momens de loisir que lui laissoit le cours de ses études, à dessiner la carte des pays décrits par ces auteurs : bientôt même, ce goût ayant pris plus de force et de vivacité, il employoit une partie du temps des classes à le satisfaire. Son professeur le surprit un jour dans cette occupation, et se disposoit à le punir; mais après avoir jeté les yeux sur ses dessins, il eut le bon esprit de l'applaudir et de l'encourager, bien sûr que ses études ne pouvoient souffrir d'une inclination qu'elles avoient développée, et à laquelle elles étoient indispensablement nécessaires.

L'écolier ne trompa point l'attente du maître : les auteurs anciens lui devinrent plus chers de jour en jour, et lui inspirèrent pour la Géographie ancienne, un amour de préférence, qu'il a conservé jusqu'à la fin de sa vie, soit par ce charme inexprimable qui nous ramène toujours vers les objets auxquels notre ame doit ses premières jouissances, soit parce qu'elle lui paroissoit emprunter quelque chose de la majesté imposante des peuples dont elle éclaire l'histoire.

Peu d'années après que M. d'Anville fut sorti du collége, le besoin de consulter, le besoin plus pressant peut-être de parler de l'objet de sa passion à des personnes en état de l'entendre, lui firent rechercher la connoissance des savans les plus distingués. Il eut le bonheur d'en être accueilli, et d'être admis dans la société de l'abbé de Longuerue, dont la conversation fut pour lui une source inépuisable d'instruction, et dont les conseils fortifièrent encore son attrait naturel pour la Géographie ancienne.

Avec un pareil guide, il entreprit de remonter à l'origine de cette Science. Il aimoit à la considérer, pour ainsi dire, au berceau, et à en étudier les accroissemens progressifs.

Il essayoit de suivre les Phéniciens dans leurs navigations, et d'en deviner le secret; il cherchoit à reconnoître la trace de ceux qui, par l'ordre de Néchos, partirent de la Mer-Rouge, firent le tour de l'Afrique, et retournèrent en Égypte par la Méditerranée, après trois ans de navigation. Il partoit de Carthage avec Hannon, et côtoyoit l'Afrique en sens contraire jusqu'au cap des Trois-Pointes. Il visitoit avec Scylax de Caryande, les Pays et les Établissemens situés sur une partie des côtes de l'Europe, de l'Asie et de l'Afrique. Il accompagnoit Hérodote dans ses voyages en Grèce, en Italie, en Égypte, en Asie. Il pénétroit jusqu'au-delà de l'Indus avec Alexandre. Il suivoit les Romains dans leurs conquêtes, et leur savoit presque gré d'avoir subjugué le monde qu'ils lui faisoient connoître. Il l'embrassoit tout entier avec Strabon, Méla, Ptolémée, le reste des Géographes et tous les Historiens de l'Antiquité.

L'étude des ouvrages historiques et géographiques ne satisfaisoit pas encore pleinement l'ardeur de s'instruire, dont M. d'Anville étoit tourmenté:

il y joignoit la lecture des Philosophes, des Orateurs, des Poëtes même; car il alloit chercher la vérité jusque dans le pays des fictions et des mensonges. Mais en lisant les plus sublimes écrits, il fermoit les yeux à tout ce qui ne concernoit pas la Géographie; il s'étoit condamné à ne voir, dans Homère et dans Virgile, que des noms et des positions de peuples et de villes. Si par hasard quelques beautés étrangères à son objet l'arrêtoient un moment et surprenoient son admiration, il s'en arrachoit aussitôt et se reprochoit ces légers écarts comme un larcin fait à sa passion favorite. Mais il n'eut guère à se défendre de ces séductions que dans sa jeunesse; il se rapprocha davantage, par la suite, du goût de son maître. Tout le monde sait que l'abbé de Longuerue disoit de bonne foi à ses amis, qu'avec les Antiquités tirées d'Homère par Feithius et la Gnomologie, ou le Recueil des Sentences du même poëte, par Duport, on pouvoit très-bien se passer de l'Iliade et de l'Odyssée.

On seroit tenté de plaindre une pareille insensibilité, si on connoissoit moins les plaisirs vifs que procure la découverte d'une vérité à ces hommes utiles, qui sont animés de la noble ambition d'ajouter à la masse des connoissances humaines et d'en reculer les limites. Tel étoit le but que se proposa toujours M. d'Anville : aussi l'espèce de prédilection qu'il avoit pour la Géographie ancienne, ne l'empêcha point de se livrer avec le même zèle à l'étude de la Géographie moderne, et même de celle du moyen-âge, qui présente peut-être encore de plus grandes difficultés à surmonter. Indépendamment du désir d'embrasser toutes les parties de cette science, et d'en saisir l'enchaînement et les rapports; indépendamment du besoin de satisfaire sa curiosité, toujours inquiète tant qu'il lui restoit quelque chose à connoître, il avoit senti de bonne heure que la Géographie ancienne et la Géographie moderne s'éclaircissent et se rectifient l'une par l'autre, et qu'ainsi, pour faire faire un pas à la Géographie générale, et travailler utilement après tant de Géographes célèbres qui l'avoient précédé depuis la renaissance des Lettres, il falloit comparer les siècles aux siècles, le monde ancien avec le monde moderne, l'état actuel du globe avec son état dans les temps les plus reculés, ainsi que dans les temps intermédiaires.

Convaincu de la nécessité de cette méthode, M. d'Anville associa dans ses études les écrivains grossiers des siècles barbares, à ces écrivains sublimes qui ont illustré les beaux jours de la Grèce et de Rome. Il mit pareillement à contribution les journaux des navigateurs, les voyages, les relations, tous les écrits de ce genre, et les cartes de toute espèce qu'il pouvoit se procurer.

Comme il n'y a que très-peu de points déterminés par des observations astronomiques, le Géographe ne peut avoir recours, pour fixer la position des autres points, dont le nombre est infini, qu'aux mesures itinéraires; il doit les connoître toutes, afin de pouvoir les comparer et les rapporter à la mesure commune qu'il juge à propos de choisir. M. d'Anville se livra donc à des recherches profondes sur les mesures itinéraires en usage chez les anciens et chez les modernes; mesures qui varient sans cesse, suivant les différens siècles et les différens pays, et qu'il est d'autant plus difficile d'évaluer, qu'elles sont quelquefois différentes sous la même dénomination, et les mêmes sous une dénomination différente.

Ce n'est encore là qu'une partie de la tâche qu'il avoit à remplir : ces études auroient suffi, sans doute, pour en faire un savant en Géographie ; mais elles ne suffisoient pas pour en faire un Géographe habile dans la pratique. Il falloit mettre en œuvre les matériaux qu'il avoit ainsi rassemblés, les discuter, les apprécier, les combiner de mille manières, les arranger, pour ainsi dire, sur le terrain, dans la place qui leur convenoit, et en construire l'édifice immense de la Géographie de tous les âges. Il falloit en composer le tableau le plus exact de la terre actuelle, dans son ensemble et dans tous ses détails. Il falloit, après des siècles et des révolutions sans nombre, tracer exactement l'ancienne forme des diverses contrées du monde connu ; fixer l'étendue et la situation précise des pays occupés par ces anciens peuples, dont il ne reste plus que le nom ; assigner une position exacte aux villes, dont il n'existe que les ruines, ou dont les ruines même ont péri ; retrouver les divers emplacemens de celles qui, après avoir été renversées, ont été rebâties dans d'autres lieux, et renversées encore ; reconnoître celles qui, sous des noms barbares ou modernes, cachent une origine antique ; indiquer ces champs de bataille, fameux par de grandes destructions, où des nations presque entières ont trouvé leur tombeau, ou, plus malheureuses encore, celui de leur liberté. Il falloit, pour le moyen-âge, marquer la succession rapide et les diverses limites de ces empires éphémères fondés et détruits par des peuples barbares, qui tous, vainqueurs et vaincus, ont disparu de dessus la terre, où ils n'ont laissé que le souvenir de leurs dévastations.

Un grand courage, une mémoire prodigieuse, un enthousiasme que rien ne pouvoit dompter, soutinrent M. d'Anville dans ces longs et pénibles travaux. Une critique sage, qui, dans les cas douteux, lui faisoit démêler la vérité ; une sagacité rare, qui, entre les probabilités, lui faisoit toujours choisir la plus probable ; enfin, une espèce d'instinct, qui, lorsqu'il est perfectionné par la réflexion et par l'expérience, est la marque du véritable talent, ou plutôt le talent même pour les sciences dans lesquelles la conjecture est souvent nécessaire, le firent triompher de tous les obstacles.

Les liaisons qu'il avoit formées dans le cours de ses études géographiques, avec des gens de lettres de grande réputation, commencèrent à établir la sienne, et lui valurent, avant l'âge de vingt-deux ans, le brevet de Géographe du Roi, quoiqu'il n'eût encore paru aucun ouvrage de lui. Il justifia bientôt ce titre en publiant les Cartes du royaume d'Arragon, et celles qu'il avoit dressées pour la description de la France ancienne et moderne de l'abbé de Longuerue. Remarquons à la louange de M. d'Anville, que rien n'étoit plus honorable pour lui, que d'avoir été choisi pour ce travail, par l'abbé de Longuerue, le moins indulgnet des savans pour les demi-connoissances, si ce n'est d'avoir obtenu son estime et son suffrage après l'exécution.

Ce premier succès dut sans doute encourager M. d'Anville, mais il ne lui inspira point cette orgueilleuse confiance, qui a souvent retenu dans la médiocrité des hommes nés pour se distinguer par de grands talens ; il le rendit, au contraire, plus sévère envers lui-même, et l'avertit qu'il avoit besoin de plus grands efforts pour en mériter un second. Ainsi plusieurs années s'écoulèrent entre la publication de ses premières Cartes et de celles d'Afrique, qui parurent en 1727. Elles furent suivies, peu de temps après, des Cartes qu'il composa pour le Voyage du chevalier des Marchais en Guinée et à Cayenne, pour l'Histoire de Saint-Domingue du P. Charlevoix, et pour l'*Oriens Christianus* du P. le Quien. Il déploya dans celles-ci, surtout dans la Carte du Patriarchat de Jérusalem, une étendue de connoissances qui lui fit infiniment d'honneur.

Ces différens ouvrages lui méritèrent, de la part des Jésuites, une préférence d'autant plus flatteuse qu'elle étoit éclairée, et qu'elle ne devoit pas peu contribuer alors à fixer le jugement du public sur son mérite. Ils le choisirent pour rédiger les Cartes de la Chine, levées par leurs Missionnaires, et en former l'Atlas de cet empire, qui accompagne l'Histoire du P. du Halde.

M. d'Anville fit, dans le cours de ce travail, des observations, qui, jointes à quelques autres qu'il avoit déjà eu occasion de faire, le déterminèrent à prendre parti dans la question sur la figure de la terre, qui partageoit alors les savans. Il crut pouvoir la résoudre par le moyen de la Géographie, et établit son opinion dans deux Mémoires qu'il publia en 1735 et 1736, sous le titre modeste, l'un de *Proposition d'une mesure de la terre, dont il résulte une diminution considérable dans sa circonférence sur les parallèles*; l'autre, *Mesure conjecturale de la terre sur l'Équateur, en conséquence de l'étendue de la Mer du Sud.* Ses conjectures ne manquoient pas de probabilité, et eurent alors plusieurs partisans; mais, avouons-le sans détour (nous n'aurons pas souvent de ces aveux à faire), elles se trouvèrent contraires au résultat des observations astronomiques, faites, par la suite, au Cercle-Polaire et à l'Équateur; ce qui prouve seulement l'insuffisance de la Géographie à cet égard, et non celle du Géographe, auquel on ne peut reprocher, que d'avoir peut-être trop présumé de la science, et de n'avoir pas été assez convaincu, que c'est dans les cieux qu'on doit chercher à connoître la terre.

Cette erreur même, qui n'appartenoit qu'à un homme très-habile, fut plus utile que nuisible à la réputation de M. d'Anville; elle s'accroissoit de jour en jour par les nouvelles productions dont il enrichissoit la Géographie, et fut portée au plus haut degré par sa Carte d'Italie.

Ce pays, célèbre à tant de titres, dans tous les temps, n'avoit encore que des Cartes extrêmement défectueuses, et ne travailloit point à les perfectionner. M. d'Anville voulut rendre ce service à l'ancienne patrie de Cicéron et de Virgile; avec les seules connoissances qu'il avoit puisées dans les auteurs anciens, et l'application exacte des mesures itinéraires, sans rien emprunter aux modernes que la nomenclature, il composa une Carte qui prouve mieux que les meilleurs raisonnemens, combien l'ancienne Géographie est utile pour éclaircir la Géographie actuelle. Il y réduisit de plusieurs milliers de lieues quarrées, l'étendue que MM. Sanson et Delisle donnoient à l'Italie dans leurs cartes, et fit un si grand nombre de corrections considérables, qu'il crut devoir exposer les raisons qui l'y avoient déterminé, dans une Analyse qu'il publia en 1744. Quelques années après, le Pape Benoît XIV ayant fait mesurer le degré du méridien dans l'Etat ecclésiastique, et tirer une chaîne de triangles dans tout l'intervalle des deux mers, M. d'Anville eut la satisfaction, la plus grande sans doute qu'il pût désirer, de voir ses corrections confirmées par les opérations des Géomètres, et d'être presque parvenu, par l'érudition et la critique, à une exactitude qui paroissoit réservée à la Géométrie.

Depuis la publication de la Carte d'Italie, chacune des années de M. d'Anville fut marquée par de nouveaux succès. Ses quatre parties du Monde, une foule de Cartes particulières, dont l'énumération nous meneroit trop loin, ses deux Hémisphères, qui présentent l'ensemble de ses travaux sur la Géographie moderne, étendirent sa réputation dans toute l'Europe. Les voyageurs des différentes nations lui ont rendu plus d'une fois le témoignage, qu'il avoit deviné les pays qu'ils parcouroient; qu'il les avoit guidés d'une manière sûre dans des contrées où ils se seroient égarés à la suite de tout autre géographe. Les navigateurs même ont souvent reconnu l'utilité de ses Cartes pour la navigation, et avoué que les côtes y sont dessinées avec une justesse, qu'on seroit trop heureux de trouver dans toutes les Cartes marines.

Ce seroit affoiblir ces éloges, que de vouloir y ajouter. Bornons-nous à observer que chacune des Cartes de M. d'Anville, soit générales, soit particulières, est aussi complète qu'elle pût l'être dans le temps où il la composoit, parce qu'il n'en publioit aucune, sans s'être bien assuré par ses recherches, d'avoir sur le pays qu'elle renfermoit, toutes les lumières acquises à cette époque. Mais s'il se faisoit un devoir, de ne rien omettre de ce qui étoit connu, il s'en faisoit un non moins sévère de resserrer chaque contrée dans ses justes limites, et de n'admettre aucun lieu dont la position ne fût pas à peu-près certaine, ou du moins très-probable. Quant à ceux dont l'existence ou la situation étoit entièrement douteuse, il différoit de s'en emparer, jusqu'à ce qu'il y fût autorisé par de nouvelles observations, et se conduisoit, à cet égard, comme les souverains de l'Europe se conduisent relativement à certaines îles éloignées, qu'on est convenu de laisser dans une espèce de neutralité ; toujours prêts néanmoins à faire valoir leurs prétentions ou à les abandonner, suivant les conjonctures. De-là, dans plusieurs de ses Cartes, surtout dans celles d'Afrique, ces grands espaces restés vides, qui attestent en même temps et son exactitude rigoureuse, et les bornes des connoissances positives en géographie.

Nous nous contenterons d'indiquer quelques-unes des Cartes qu'il composa pour la Géographie ancienne, sans essayer d'en relever le mérite, universellement reconnu par les savans. L'*Orbis veteribus notus* embrasse toutes les contrées de la terre que la soif de l'or et la fureur des conquêtes firent connoître aux anciens. On avoit déjà une Carte de M. Delisle, sous le même titre : un seul exemple suffira pour donner une idée de la différence qu'on remarque entre l'une et l'autre. M. Delisle plaçoit les *Satyrorum insulæ* dont parle

Ptolémée, aux îles du Japon, et, par ce moyen, étendoit les connoissances géographiques des anciens, au delà du continent de l'Asie. M. d'Anville les restreint considérablement, en plaçant ces îles des Satyres aux îles de Pulo-Condor, qui sont d'environ vingt-cinq degrés plus occidentales que le Japon; réduction énorme qu'il justifia dans un Mémoire qu'il lut à l'Académie, en 1763, et qu'elle a fait imprimer dans son Recueil.

L'*Orbis Romanus* renferme l'étendue de cet empire immense qui a succombé sous le poids de sa propre grandeur.

La Carte de l'ancienne Grèce offre la représentation fidelle des pays occupés par ces républiques célèbres, dont on ne peut encore prononcer le nom, sans éprouver une sorte d'émotion, parce qu'il réveille en nous de grandes idées.

Il suffit de nommer la Carte de l'Asie-Mineure et de la Syrie; celle de la Palestine qu'il composa pour feu M. le Duc d'Orléans, auquel il étoit attaché, et qui est si utile pour l'intelligence de nos histoires saintes; celle de l'Italie ancienne, à laquelle on peut appliquer ce que nous avons dit de son Italie moderne.

M. d'Anville avoit une affection particulière pour ses Cartes d'Égypte, ou, parce qu'il avoit traité avec plus d'intérêt la Géographie d'un pays regardé comme le berceau des connoissances humaines, ou, parce que son amour propre étoit flatté d'avoir trouvé un assez grand nombre de corrections importantes à faire aux Cartes antérieures aux siennes, et même à celle du P. Sicard, qu'il avoue, d'ailleurs, lui avoir été de la plus grande utilité. Il les accompagna d'un ouvrage rempli d'érudition et de critique, intitulé : *Description de l'Égypte ancienne et moderne*, dans lequel il établit, d'après un calcul qu'on doit supposer exact, que la vallée, fécondée par le débordement du Nil, étant seule susceptible de culture, l'Égypte ancienne, dont la fertilité suffisoit à la subsistance d'un nombre incroyable d'habitans, ne contenoit que deux mille cent lieues quarrées de terre propre au labourage, étendue qui n'est au plus que la douzième partie de celle de la France.

Il avoit publié, en 1741, des *Éclaircissemens géographiques sur l'ancienne Gaule* (2) : l'amour si naturel du pays où on est né, le désir de rendre utiles les nouvelles connoissances qu'il avoit acquises sur cette contrée, l'engagèrent à refondre cet ouvrage dans un autre beaucoup plus complet, sous le titre de *Notice de l'ancienne Gaule, tirée des Monumens Romains*, qui parut en 1760, presque en même temps que sa Carte intitulée : *Gallia Antiqua*, dont il est un excellent commentaire.

C'est au regret que lui témoignèrent plusieurs personnes de ne pouvoir consulter ses Cartes anciennes, faute d'entendre le latin, que nous devons sa *Géographie ancienne abrégée*, qu'il donna au public en 1768, et qui fut accueillie comme elle méritoit de l'être.

Ses *États formés en Europe après la chute de*

(2) Ces *Éclaircissemens* sont de l'abbé Belley, qui les communiqua à M. d'Anville, pour les publier avec un *Traité des Mesures itinéraires* que celui-ci venoit de composer. *Voyez* ci-dessous au Catalogue des ouvrages imprimés, N°. 11.

l'Empire Romain en Occident, son *Mémoire sur les Peuples qui habitent la Dace de Trajan*, ses Descriptions de l'*Empire Turc* et de l'*Empire de Russie*, qu'il publia en 1771 et 1772, remplissent l'intervalle qui sépare la Géographie ancienne de la Géographie moderne, et présentent le tableau des révolutions étonnantes qui changèrent la surface presqu'entière de la terre.

Ces nombreux ouvrages, et plusieurs autres encore que nous sommes obligés de passer sous silence, n'empêchèrent pas M. d'Anville d'enrichir le Recueil de cette Académie d'un grand nombre de Mémoires, tels que ses *Recherches sur les Sources du Nil; sur le Golfe Persique, et les Bouches de l'Euphrate et du Tigre; sur l'étendue de l'ancienne Rome; sur l'Ile de Cypre; sur le* Portus Itius *et le lieu du débarquement de César dans la Grande-Bretagne*, et sur plusieurs autres points intéressans de la Géographie ancienne et celle du moyen-âge.

Non content d'avoir consacré toute sa vie à la Géographie, M. d'Anville voulut perpétuer, en quelque manière, le culte qu'il lui rendoit, en formant des hommes dignes de le remplacer : il révéla le secret de son art dans ses *Considérations sur l'étude et les connoissances que demande la composition des ouvrages géographiques*, et donna, dans son *Traité des Mesures itinéraires anciennes et modernes*, l'instrument dont il s'étoit servi avec tant de succès.

Les anciens Géographes avoient presque tous voyagé, et parloient très-souvent de ce qu'ils avoient vu. M. d'Anville, au contraire, connoissoit la terre sans l'avoir vue; il n'étoit, pour ainsi dire, jamais sorti de Paris, et ne s'en étoit pas éloigné de plus de 40 lieues.

Différentes circonstances firent qu'il ne parvint qu'assez tard aux honneurs littéraires : il avoit près de soixante ans lorsqu'il fut reçu en cette Académie en 1754, et près de quatre-vingts, lorsque l'Académie des Sciences l'élut en 1773, à la seule place qui y soit destinée à la Géographie. Cette même année, une nouvelle couronne vint orner son front; la place de premier Géographe du Roi étant devenue vacante, il y fut nommé sans l'avoir sollicitée : depuis long-temps, toutes les nations, de concert, le regardoient comme le premier Géographe de l'Europe.

M. d'Anville avoit formé une Collection de Cartes, tant gravées que manuscrites, la plus complète et la plus précieuse qui ait peut-être jamais existé. Les Savans, les Voyageurs, les personnes éclairées de tout rang et de tout pays, des Princes même, s'étoient empressés de l'accroître, par le désir de contribuer au progrès de la Géographie dont il étoit l'oracle, et par le plaisir si doux de donner des témoignages de considération à un homme justement célèbre : c'étoit, en quelque sorte, un tribut honorable payé au mérite utile, par l'estime et par la reconnoissance. M. d'Anville avoit toujours eu le projet de ne se dessaisir de cette collection rare qu'en faveur de la Nation ; le Gouvernement, qui en connoissoit le prix, entra dans ses vues, et le Roi l'acquit vers la fin de l'année 1779, laissant jouir M. d'Anville, le reste de sa vie, d'un trésor si glorieusement amassé. Malgré l'affoiblissement de sa vue et de presque tous ses sens, il dirigea constamment le travail des personnes chargées de le mettre en ordre. C'est le dernier service qu'il ait rendu à la Géographie.

Le grand intérêt dont il étoit animé pour ce premier et dernier objet de ses affections, avoit paru suspendre, pendant cette opération, le dépérissement de ses organes : en perdant ce soutien, son ame perdit son ressort. Il offrit encore, pendant deux ans, l'affligeant spectacle d'un homme de mérite qui se survit à lui-même, jusqu'à ce qu'enfin, la nature étant entièrement épuisée, il acheva de mourir le 28 janvier 1782, âgé de près de quatre-vingt-cinq ans.

M. d'Anville étoit d'une constitution foible et délicate, qui ne sembloit pas lui promettre de si longs jours : mais une extrême sobriété et la régularité constante de sa manière de vivre, le mirent en état de résister, depuis sa jeunesse jusqu'à l'âge le plus avancé, à un travail d'environ quinze heures par jour, sans que sa santé en fût altérée; peut-être même ce travail, qui lui préparoit des succès certains, qui écartoit de lui l'ennui et le dégoût, qui répandoit de l'intérêt et du charme sur tous les momens de sa vie, fut-il plus puissant que toute autre cause pour la prolonger.

En parcourant sans cesse la terre, il s'étoit, en quelque façon, approprié les lieux dont il avoit rigoureusement déterminé la position. Il contemploit avec complaisance ces membres épars de son empire; et comme ses prétentions lui paroissoient fondées sur des autorités respectables, il voyoit avec peine qu'on osât les contester, surtout quand il s'agissoit de quelque point de la Géographie ancienne, qu'il croyoit avoir plus invariablement fixée, et dont il s'étoit réservé plus spécialement la possession. La critique lui paroissoit alors une espèce de sacrilége contre l'objet même de son culte; et, transporté d'une colère religieuse, il s'écrioit quelquefois : *On profane toute l'Antiquité.* Cet enthousiasme, qui eût, sans doute, été ridicule dans un homme médiocre, étoit bien excusable dans un vieillard qui n'avoit pensé, qui n'avoit vécu que pour la Géographie, et à qui la douce habitude d'être applaudi avoit dû donner une grande idée de ses talens. On peut dire même que cet enthousiasme étoit respectable par les grands effets qu'il a produits : sans ce ressort puissant qui faisoit agir M. d'Anville, nous serions vraisemblablement privés d'un grand nombre d'excellens ouvrages, et la Géographie seroit encore dans l'état où il l'avoit trouvée.

Mais autant il étoit blessé de la critique, quand elle se montroit à lui armée de tous ses traits, autant il avoit de reconnoissance pour les observations particulières qu'on lui communiquoit, et qui lui donnoient lieu de corriger les erreurs où l'avoient quelquefois entraîné les mémoires dont il avoit été obligé de se servir. Un de nos confrères, que l'amour éclairé des arts a conduit à ces heureux climats où il s'étoit perfectionné, lui ayant apporté sur le golfe de Macri en Carie, sur Milet et sur le canton de l'Ionie où cette ville étoit située, des détails qui le frappèrent, il s'empressa de rectifier sa Carte d'Asie, et se fit un plaisir de publier ce qu'il devoit à son bienfaiteur; car c'est le nom qu'il donnoit à ceux qui l'éclairoient de leurs lumières. Si on comparoit les premières épreuves de quelques-unes de ses Cartes avec les dernières, on verroit qu'il a plus d'une fois fait usage d'observations pareilles; on verroit même qu'il a profité de la critique, quand il la trouvoit juste : tant il est vrai que sa passion pour les progrès de la Géographie faisoit taire chez lui toutes les autres.

On lui reprochera peut-être de n'avoir pas toujours écrit avec assez de clarté et de précision; mais avant de le blâmer de n'avoir point employé une partie de son temps à se former le goût et le style, par la lecture de nos bons écrivains, qu'on se rappelle l'usage utile qu'il a fait de tous ses instans.

Peu répandu dans la société, vivant dans le passé plutôt que dans le présent, et dans les pays étrangers plus que dans sa patrie, connoissant moins les hommes que le séjour qu'ils habitent; M. d'Anville occupoit volontiers les autres de ses travaux, et croyant ne parler que de sa passion, il parloit de ses succès.

Mais ces effusions de cœur, ces épanchemens d'un amour propre naïf, qu'il n'avoit point appris à déguiser, méritoient de l'indulgence, et ne pouvoient offenser personne. On l'entendoit sans peine vanter la perfection de ses ouvrages, et dire de la Géographie ce qu'Auguste disoit de Rome : *Je l'ai trouvée de briques, et je la laisse d'or.* En effet, les écarts de l'amour propre ne sont choquans que lorsqu'ils portent sur des objets familiers au public, et dont chacun peut se croire en état de juger.

M. d'Anville étoit d'ailleurs simple, modeste même, quand il n'étoit point question de Géographie. Content de régner sur cette science, loin de chercher à s'élever au-dessus de ceux qui excelloient dans une autre, il les traitoit, en toute occasion, avec respect et déférence ; preuve certaine que son estime pour lui-même avoit pour principe, non l'orgueil, qui aspire toujours à la prééminence, mais la conscience qu'il avoit de ses forces : il croyoit pouvoir être juste envers lui, comme il l'étoit envers les autres. Ajoutons, pour terminer en deux mots son éloge, qu'il n'avoit aucun défaut essentiel, et qu'il joignoit à toutes les qualités qui forment le grand Géographe, toutes les vertus qui font l'homme estimable.

Il avoit épousé en 1730 Mlle. Charlotte Testard, qu'il perdit en 1781, après cinquante-un ans de mariage. Heureux alors que la privation des facultés de son ame, lui ait épargné le sentiment de cette affreuse séparation ! il est du moins descendu doucement au tombeau ; la douleur l'y auroit précipité.

M. d'Anville a laissé deux filles ; une religieuse, l'autre mariée à M. Hébert de Hauteclair, trésorier de France, chargé par le Gouvernement de la direction des ponts et chaussées et du pavé de Paris.

CATALOGUE
DES CARTES
GRAVÉES D'APRÈS LES DESSINS
DE M. D'ANVILLE,

Dans lequel on a distingué par un astérisque celles qui composent son fonds.

GÉOGRAPHIE ANCIENNE.

1. Le monde connu des anciens. — Pour l'Histoire ancienne de M. Rollin . . . . 1740.
   - 1 *ligne* $\frac{1}{4}$ *au degré* - 1 *feuille de* 9 *pouces* $\frac{1}{2}$ *de hauteur, sur* 11 $\frac{1}{2}$ *de largeur.*
2. Carte de l'Égypte et de la Lybie. — Pour le même ouvrage . . . . 1738.
   - 10 *l. au d.* - 1 *f. de* 9 *po. sur* 12.
3. Carte de la partie de l'Afrique où les Carthaginois ont étendu leur domination. — Pour le même ouvrage . . . . 1738.
   - 10 *l. au d.* - 1 *f. de* 8 *po.* $\frac{1}{2}$ *sur* 17 $\frac{1}{2}$.
4. Carte pour l'Expédition d'Annibal, et sur laquelle son Passage en Italie et les principales de ses Marches sont tracées. — Pour le même

ouvrage.............................. 1739.
- 1 *pouce 3 lignes au degré. - 1 feuille de 10 pouces ½ de hauteur, sur 17 ½ de largeur.*

Le Dessin de cette Carte a également servi pour le N°. 19 qui suit; mais les gravures sont différentes.

5. Carte pour servir à l'intelligence de l'Histoire des Assyriens, Mèdes, Babyloniens et Perses. — Pour l'Histoire ancienne de M. Rollin. .... 1739.
- 5 *l. au d. - 1 f. de 10 po. sur 15.*

6. La Grèce. — Pour le même ouvrage... 1740.
- 1 *po.* 8 *l. au d. - 1 f. de 10 po. ½ sur 13.*

7. Carte de la Grande-Grèce, y compris la Sicile. — Pour le même ouvrage...... 1738.
- 1 *po.* 8 *l. au d. - 1 f. de 10 po. sur 13.*

8. Carte pour l'Expédition de Cyrus le jeune et la Retraite des Dix-mille Grecs. — Pour le même ouvrage.................... (1738).
- 6 *l. au d. - 1 f. de 7 po. ½ sur 10 ½.*

Cette Carte a été depuis supprimée, pour faire place à la suivante.

9. Carte pour l'Expédition de Cyrus le jeune et la Retraite des Dix-mille Grecs, dressée sur Xénophon. — Pour le même ouvrage. 1739.
- 10 *l. au d. - 1 f. de 8 po. ½ sur 12 ½.*

10. La Grèce et les pays plus septentrionaux jusqu'au Danube. — Pour le même ouvrage.. 1740.
- 10 *l. au d. - 1 f. de 9 po. sur 8.*

11. L'Expédition d'Alexandre. — Pour l'Histoire ancienne de M. Rollin.............. 1740. - 5 *lignes au degré* - 1 *feuille de* 9 *pouces de hauteur, sur* 15 *de largeur.*

Cette Carte se met aussi dans l'ouvrage de M. de Sainte-Croix, intitulé : *Examen critique des Historiens d'Alexandre.*

12. Carte des Environs d'Issus, pour l'intelligence des Marches d'Alexandre et de Darius vers ce lieu. — Pour le même ouvrage... (1740). - 1 *po.* 8 *l. au d.* - 1 *f. de* 4 *po.* ½ *sur* 6 ½.

13. L'Orient. — Pour le même ouvrage.... 1740. - 10 *l. au d.* - 1 *f. de* 10 *po. sur* 13.

14. L'Asie-Mineure et le Bosphore. — Pour le même ouvrage..................... 1740. - 10 *l. au d.* - 1 *f. de* 9 *po.* ½ *sur* 12.

15. Les Environs de Rome. — Pour l'Histoire Romaine de MM. Rollin et Crevier..... 1738. - 10 *po. au d.* - 1 *f. de* 1 *pied, sur* 1 *pied.*

16. Plan de Rome ancienne, dressé sur les recherches de Pirro-Ligorio, Alessandro Donati et Famiano Nardini ; le tout assujetti à un Plan exact de la Ville de Rome, publié par Domenico de Rossi, sous le Pontificat d'Innocent XII. — Pour le même ouvrage .... 1738. - 4 *l. pour* 100 *toises.* - 1 *f. de* 9 *po.* ½ *sur* 9 ½.

17. L'Italie proprement dite. — Pour l'Histoire Romaine de MM. Rollin et Crevier.. 1738.
- 1 *pouce* 8 *lignes au degré.* - 1 *feuille de* 11 *pouces de hauteur, sur* 11 *de largeur.*

18. Carte de l'Italie proprement dite, où l'objet principal a été de tracer les Voies Romaines. — Pour le même ouvrage......... 1739.
- 2 *po.* 1 *l. au d.* - 1 *f. de* 8 *po.* ½ *sur* 15 ½.

19. Carte pour l'Expédition d'Annibal, et sur laquelle son Passage en Italie et les principales de ses Marches sont tracées. — Pour le même ouvrage......................... 1739.
- 1 *po.* 3 *l. au d.* - 1 *f. de* 10 *po.* ½ *sur* 17 ½.

Le Dessin de cette Carte est le même que celui qui a servi au N°. 4 qui précède; mais la gravure est différente.

20. La Sicile. — Pour le même ouvrage.... 1740.
- 2 *po.* 6 *l. au d.* - 1 *f. de* 8 *po. sur* 12 ½.

21. L'Espagne. — Pour le même ouvrage... 1741.
- 10 *l. au d.* - 1 *f. de* 8 *po. sur* 10.

22. La Grèce proprement dite. — Pour le même ouvrage......................... 1741.
- 2 *po.* 6 *l. au d.* - 1 *f. de* 11 *po. sur* 10 ½.

23. La Gaule Cisalpine. — Pour le même ouvrage. .... 1741.
- 2 *po.* 6 *l. au d.* - 1 *f. de* 8 *po. sur* 13.

24. La Numidie. — Pour le même ouvrage. 1742.
- 1 *po.* 4 *l. au d.* - 1 *f. de* 7 *po. sur* 17 ½.

25. Carte de la Province-Romaine dans la Gaule. — Pour l'Histoire Romaine de MM. Rollin et Crevier........................ 1743. - 1 *pouce* 4 *lignes au degré.* - 1 *feuille de* 9 *pouces de hauteur, sur* 8 ½ *de largeur.*

26. La Gaule dans son état au temps de la conquête par César. — Pour le même ouvrage. 1745. - 1 *po.* 2 *l. au d.* - 1 *f. de* 1 *pied, sur* 1 *pied.*

27. Germanie et Pays situés entre le Danube et la Mer-Adriatique. — Pour l'Histoire des Empereurs Romains de M. Crevier..... 1749. - 1 *po. au d.* - 1 *f. de* 12 *po.* ½ *sur* 11.

28. L'Empire des Parthes. — Pour le même ouvrage.......................... 1749. - 5 *l. au d.* - 1 *f. de* 10 *po. sur* 13.

29. La Grande-Bretagne. — Pour le même ouvrage.......................... .1750. - 1 *po.* 4 *l. au d.* - 1 *f. de* 13 *po.* ½ *sur* 8.

30. La Palestine. — Pour le même ouvrage.. 1750. - 5 *po. au d.* - 1 *f. de* 14 *po. sur* 11.

31. La Dace conquise par Trajan, la Mœsie, la Thrace. — Pour le même ouvrage... 1752. - 1 *po.* 4 *l. au d.* - 1 *f. de* 12 *po. sur* 12 ½.

32. Italiæ Typus, ejusque antiquissimi Coloni ad mentem D. Jacobi Martin delineati. — Pour l'Histoire des Gaules de Dom Jacques Martin. .... 1750. - 1 *po. au d.* - 1 *f. de* 10 *po. sur* 8 ½.

33. Illyrici et adjacentium Istro flumini Regionum Typus, sedesque priscorum quorumdam Colonorum ad mentem D. Jacobi Martin delineatæ. — Pour l'Histoire des Gaules de Dom Jacques Martin.............. 1750.
- 1 *pouce au degré.* - 1 *feuille de* 8 *pouces de hauteur, sur* 11 *de largeur.*

34. Iberiæ, sive Hispaniæ Typus, ejusque antiquissimi Coloni ad mentem D. Jacobi Martin delineati. — Pour le même ouvrage... 1750.
- 1 *po. au d.* - 1 *f. de* 8 *po. sur* 10 ½.

35. Terra secundum Strabonis hypothesim habitata, ad ejus rationes (quantum fieri potuit) accomodata. — Pour l'édition de Strabon que devoit donner M. de Bréquigny.... (1762).
- (2 *l. au d.*) - 1 *f. de* 7 *po.* ½ *sur* 10 ½.

36. Terra secundum Strabonis hypothesim habitata, sed ad genuinam hodiernæ Geographiæ delineationem adumbrata. — Pour le même ouvrage......................... (1762).
- 2 *l. au d.* - 1 *f. de* 7 *po.* ½ *sur* 10 ½.

37. Les deux Cartes précédentes sur la même planche.......................... 1776.
- 2 *l. au d.* - 1 *f. de* 15 *po. sur* 10 ½.

Cette planche est une nouvelle Gravure faite pour l'édition de Strabon qui doit paroître à Oxford. — La première de ces deux Cartes a été gravée une troisième fois pour l'ouvrage de M. Gossellin, intitulé: *Géographie des Grecs analysée*, in-4°. Paris, 1790.

38. Iberiæ, sive Hispaniæ Typus, cum iis quæ à Strabone in regionis descriptione memorantur. — Pour l'édition de Strabon de M. de Bréquigny................ 1762.
- 1 *pouce au degré.* - 1 *feuille de* 8 *pouces* $\frac{1}{2}$ *de hauteur, sur* 10 $\frac{1}{2}$ *de largeur.*

39. La même Carte. — Nouveau Dessin et nouvelle Gravure pour l'édition d'Oxford. 1776.
- 1 *po. au d.* - 1 *f. de* 8 *po.* $\frac{1}{2}$ *sur* 10 $\frac{1}{2}$.

40. Galliæ Typus, cum iis quæ à Strabone in regionis descriptione memorantur. — Pour l'édition d'Oxford; mais comme il y a quelques erreurs dans cette Carte, M. d'Anville a fait regraver le N°. suivant....... 1777.
- 1 *po. au d.* - 1 *f. de* 10 *po. sur* 10 $\frac{1}{2}$.

41. La même, au trait, avec quelques noms seulement........................ (1777).
- (1 *po. au d.*) - 1 *f. de* 10 *po. sur* 10 $\frac{1}{2}$.
Cette Carte n'est pas terminée.

* 42. Orbis veteribus notus............... 1763.
- 3 *l. au d.* - 1 *f. de* 20 *po. sur* 28.
En (1776) M. d'Anville a changé dans cette Carte tous le cours de l'Indus avec les Rivières qui s'y jettent, et la partie supérieure du cours du Gange, ainsi que quelques détails dans l'intérieur même de l'Inde, d'après sa Carte intitulée : *Ad antiquam Indiæ Geographiam Tabula*, qu'il venoit de publier. Cette Carte entre dans l'édition *in-fol.* de l'ouvrage de M. d'Anville, qui a pour titre : *Géographie ancienne abrégée*, indiqué ci-dessous au Catalogue des ouvrages imprimés, N°. 26.

* 43. Orbis Romani Pars Occidentalis.... 1763. - 1 *pouce au degré.* - 1 *feuille de* 25 *pouces de hauteur, sur* 20 ½ *de largeur.*
Orbis Romani Pars Orientalis...... 1764. - 1 *po. au d.* - 1 *f. de* 25 *po. sur* 20 ½.

M. d'Anville a fait en (1773) à la première feuille de cette Carte, plusieurs corrections : 1°. une dans la position de *Althœa Olcadum,* près de Tolède en Espagne ; 2°. dans la disposition du mot *Diablintes* dans la Gaule, et 3°. le mot de *Verginium mare* a été ajouté entre la Grande-Bretagne et l'Irlande.

Dans la seconde feuille, il a été fait, en 1779, une grande correction aux Bouches du Danube, d'après celle faite la même année à la troisième partie d'Europe.

Cette Carte entre dans l'édition *in-fol.* de la *Géographie ancienne abrégée,* de M. d'Anville, indiquée ci-dessous au Catalogue des ouvrages imprimés, N°. 26.

44. A general Map of the Roman-Empire, according to the division of Provinces under Constantine and his successors ; c'est-à-dire, Carte générale de l'Empire-Romain avec la division de ses Provinces sous Constantin et ses successeurs...... 1777. - 5 *l. au d.* - 1 *f. de* 15 *po. sur* 20.

Cette Carte, qui n'est qu'au trait seulement, avec deux tables contenant les noms des Provinces, étoit destinée à l'édition anglaise de l'ouvrage de Gibbon sur la *Décadence et la Chute de l'Empire*

Romain; mais la guerre de 1778 ayant interrompu toute communication entre la France et l'Angleterre, cette Carte n'a point été achevée.

45. La Gaule ancienne. — Pour la Description historique et géographique de la France ancienne et moderne, par l'abbé de Longuerue........................ 1719.
- 1 *pouce* 3 *lignes au degré.* - 1 *feuille de* 14 *pouces de hauteur, sur* 13 ½ *de largeur.*

* 46. Gallia antiqua ex ævi Romani monumentis eruta.......................... 1760.
- 1 *po.* 8 *l. au d.* - 1 *f. de* 17 *po. sur* 21 ½.

Cette Carte entre dans l'édition *in-fol.* de la *Géographie ancienne abrégée*, de M. d'Anville, indiquée ci-dessous au Catalogue des ouvrages impr., N°. 26, ainsi que dans sa *Notice de l'ancienne Gaule*, indiquée au même Catalogue, N°. 23. Elle a été aussi regravée en 1763 en Hollande, pour entrer dans une édition de la *Traduction des Commentaires de Jules-César;* mais cette nouvelle gravure est fautive.

47. Carte pour l'intelligence des Dissertations sur Genabum et sur Bibracte. — Pour les Éclaircissemens géographiques sur l'ancienne Gaule de l'abbé Belley...... 1739.
- 2 *po.* 11 *l. au d.* - 1 *f. de* 10 *po. sur* 11.

48. Plan d'Alise et de ses Environs, pour l'intelligence de l'Explication topographique du siége de cette Place. — Pour le même ouvrage.......................... (1741).

- 1 *ligne* ½ *pour* 100 *toises*. - 1 *feuille de* 13 *pouces de hauteur, sur* 9 *de largeur*.

Ce Plan a été dressé d'après celui levé géométriquement sur les lieux par D. Jourdain, Bénédictin. Il a aussi été regravé en 1763 en Hollande, pour entrer dans une édition de la *Traduction des Commentaires de Jules-César*.

* 49. Tabula Italiæ antiquæ Geographica.. 1764.
- 2 *po. au degré*. - 1 *f. de* 23 *po. sur* 18 ½.

Cette Carte entre dans l'édition *in-fol.* de la *Géographie ancienne abrégée*, de M. d'Anville, indiquée ci-dessous au Catalogue des ouvrages imprimés, N°. 26.

* 50. Græciæ antiquæ specimen Geographicum. .... 1762.
- 4 *po. au d*. - 1 *f. de* 19 *po. sur* 18.

Il a été fait, en 1780, une correction à cette Carte, vers le *Lac Ascuris* en Thessalie. — Cette Carte entre dans l'édition *in-fol.* de la *Géographie ancienne abrégée*, de M. d'Anville, indiquée ci-dessous au Catalogue des ouvrages imprimés, N°. 26.

51. Les Cyclades. — Pour le Voyage du jeune Anacharsis........................ 1758.
- 3 *po.* 7 *l. au d*. - 1 *f. de* 6 *po.* ½ *sur* 7.

Cette Carte a été regravée dans la nouvelle édition du même *Voyage d'Anacharsis*.

* 52. Asiæ quæ vulgò minor dicitur et Syriæ tabula Geographica, quantum per subsidia licuit elaborata, opere, si quod aliud in antiquâ Geographiâ, arduo....... 1764.

- 1 *pouce* 8 *lignes au degré.* - 1 *feuille de* 19 *pouces de hauteur, sur* 23 *de largeur.*

Cette Carte entre dans l'édition *in-fol.* de la *Géographie ancienne abrégée*, de M. d'Anville, indiquée ci-dessous au Catalogue des ouvrages imprimés, N°. 26.

53. Le Pont et la Cappadoce. (sans titre.).( ).
- 1 *po.* 2 *l. au d.* - 1 *f. de* 7 *po. sur* 6.

Cette Carte a été dressée pour un *Mémoire* de M. de Boze *sur les Rois du Pont*, qui n'a point été imprimé.

* 54. L'Euphrate et le Tigre.............. 1779.
- 1 *po.* 9 *l. au d.* - 1 *f. de* 16 *po. sur* 19.

Cette Carte entre dans l'ouvrage de M. d'Anville, intitulé : *l'Euphrate et le Tigre*, indiqué ci-dessous au Catalogue des ouvrages impr., N°. 36. Elle offre les noms anciens et modernes placés comparativement.

* 55. La Palestine........................ 1767.
- 5 *po. au d.* - 1 *f. de* 13 *po. sur* 16.

Cette Carte entre dans l'édition *in-fol.* de la *Géographie ancienne abrégée*, de M. d'Anville, indiquée ci-dessous au Catalogue des ouvrages imprimés, N°. 26.

56. Plan de la Ville de Jérusalem ancienne et moderne .... (1747).
- 1 *po.* 2 *l.* $\frac{1}{2}$ *pour* 100 *toises.* - 1 *f. de* 11 *po. sur* 9 $\frac{1}{2}$.

Ce plan a été dressé par M. d'Anville pour sa *Dissertation sur l'étendue de l'ancienne Jérusalem et de son Temple*, qu'elle accompagne. *Voyez* ci-dessous au Catalogue des ouvrages imprimés, N°. 16.

* 57. Ad antiquam Indiæ Geographiam Tabula. .... 1765.

- 5 *lignes au degré*. - 1 *feuille de* 17 *pouces de hauteur, sur* 14 *de largeur.*

C'est par erreur du Graveur que cette Carte porte la date de 1765; elle est de 1775, comme l'ouvrage de l'*Antiquité de l'Inde*, auquel elle est attachée. Cette Carte entre dans l'édition *in-fol.* de la *Géographie ancienne abrégée*, de M. d'Anville, indiquée ci-dessous au Catalogue des ouvrages impr., N°. 26, ainsi que dans son ouvrage intitulé : *Antiquité géographique de l'Inde*, indiqué au même Catalogue, N°. 32.

* 58. Ægyptus antiqua.................... 1765.

- 2 *po.* 1 *l. au d.* - 1 *f. de* 17 *po. sur* 12.

Cette Carte entre dans l'édition *in-fol.* de la *Géographie ancienne abrégée*, de M. d'Anville, indiquée ci-dessous au Catalogue des ouvrages impr., N°. 26, ainsi que dans ses *Mémoires sur l'Égypte*, indiqués au même Catalogue, N°. 24.

GÉOGRAPHIE DU MOYEN-AGE.

* 59. Germanie, France, Italie, Espagne, Iles-Britanniques, dans un âge intermédiaire de l'ancienne Géographie et de la moderne.............................. 1771.

- 10 *lignes au degré.* - 1 *feuille de* 18 *pouces de hauteur, sur* 18 *de largeur.*

Cette Carte a été dressée par M. d'Anville pour son ouvrage intitulé : *États formés en Europe après la chute de l'Empire-Romain en Occident*, qu'elle accompagne. *Voyez* ci-dessous au Catalogue des ouvrages imprimés, N°. 28.

60. La France ancienne. — Pour la Description historique et géographique de la France ancienne et moderne, par l'abbé de Longuerue........................ 1719.
- 1 *po.* 2 *l. au d.* - 1 *f. de* 14 *po. sur* 13 ½.

61. Environs de Ptolémaïs ou d'Acre. — Pour l'Histoire de Saladin par Marin... (1758).
- 17 *po.* 8 *l. au d.* - 1 *f. de* 5 *po. sur* 5.

62. Ptolémaïde ou Acre (Plan). — Pour le même ouvrage...................... (1758).
-.............. - 1 *f. de* 5 *po. sur* 4.

63. Jérusalem (Plan). — Pour le même ouvrage....................... (1758).
- 5 *l.* ½ *pour* 100 *toises.* - 1 *f. de* 4 *po.* ½ *sur* 5.

64. Carte pour la Croisade de Saint-Louis en Égypte et en Palestine. — Pour l'Histoire de Saint-Louis par le Sire de Joinville. .... 1757.
- 1 *po.* 6 *l. au d.* - 1 *f. de* 10 *po. sur* 9.

Cette Carte représente la Syrie, l'Ile de Cypre et la Basse-Égypte.

65 Carte particulière pour l'Expédition de Saint-Louis en Égypte. — pour l'Histoire de Saint-Louis par le Sire de Joinville. (1757). - *4 pouces 5 lignes au degré.* - 1 *feuille de 9 pouces ½ de hauteur, sur 9 ½ de largeur.*

Cette Carte représente la Basse-Égypte.

GÉOGRAPHIE SACRÉE.

66. Ecclesia Africana. — Pour.......... 1732.
- 1 *po.* 3 *l. au d.* - 1 *f. de* 10 *po. sur* 24 ½.

67. Patriarchatûs Constantinopolitani Tabula. — Pour l'Oriens Christianus du P. Le Quien. .... 1741.
- 1 *po. au d.* - 1 *f. de* 12 *po. sur* 18.

68. Patriarchatus Antiochenus. — Pour le même ouvrage.......................... 1732.
- 1 *po.* 3 *l. au d.* - 1 *f. de* 12 *po. sur* 15.

69. Patriarchatus Hierosolymitanus. — Pour le même ouvrage.................... 1732.
- 3 *po.* 9 *l. au d.* - 1 *f. de* 15 *po. sur* 12.

70. Patriarchatus Alexandrinus. —Pour le même ouvrage........................ 1731.
- 1 *po.* 3 *l. au d.* - 1 *f. de* 12 *po. sur* 16.

CARTES

INSÉRÉES DANS LE RECUEIL DE L'ACADÉMIE DES INSCRIPTIONS ET BELLES-LETTRES.

71. Syrie et Palestine pour accompagner la Dissertation de M. Falconet sur les Assassins. Tome XVII, page 127........... 1750.
- 1 *pouce* 6 *lignes au degré.* - 1 *feuille de* 9 *pouces* ½ *de hauteur, sur* 7 *de largeur.*

72. Carte pour les Dissertations de M. l'abbé Belley sur Juliobona, et sur la Voie-Romaine de Caracotinum à Paris. Tom. XIX, p. 633........................ (1744).
- 4 *po.* 7 *l. au d.* - 1 *f. de* 6 *po.* ½ *sur* 7 ½.

73. Carte pour la Dissertation de M. l'abbé Belley sur Augusta Viromanduorum. Tom. XIX, p. 671.................... (1745).
- 4 *po.* 7 *l. au d.* - 1 *f. de* 6 *po. sur* 6.

74. Carte pour les Dissertations de M. l'abbé Belley sur Limonum, Augustoritum et Ratiatum. Tom. XIX, p. 691..... (1748).
- 2 *po.* 3 *l. au d.* - 1 *f. de* 6 *po. sur* 8 ½.

75. Carte pour la Dissertation de M. l'abbé Belley sur les Médailles des Grands-Prêtres Princes d'Olba, en Cilicie. Tom. XXI, Mémoires, p. 421.............. (1747).

- 3 *pouces* 3 *lignes au degré.* - 1 *feuille de* 5 *pouces de hauteur, sur* 6 *de largeur.*

76. Carte pour l'intelligence de la Dissertation sur les Sources du Nil. Tome XXVI, page 46. .... (1754).
- 6 *l. au d.* - 1 *f. de* 9 *po. sur* 8 ½.

77. Carte pour l'intelligence du Mémoire sur les Rivières de l'intérieur de l'Afrique. Tom. XXVI, p. 64............. (1754).
- 3 *l. au d.* - 1 *f. de* 10 *po. sur* 14.

78. Carte du Delta pour le Schène Égyptien et le Stade qui servoit à le composer. Tom. XXVI, p. 83.................. (1754).
- 1 *po.* 8 *l. au d.* - 1 *f. de* 3 *po.* ½ *sur* 6.

79. Plan pour le Mémoire sur les Arvii, ou la Cité d'Erve. Tom. XXVII, Histoire, p. 109. .... (1757).
- 2 *po.* 11 *l.* ½ *pour* 100 *toises.* - 1 *f. de* 8 *po. sur* 6.

80. Carte pour le Mémoire sur la Position de Babylone. Tom. XXVIII, p. 246.. (1755).
- 3 *po.* 5 *l. au d.* - 1 *f. de* 6 *po.* ½ *sur* 5.

81. Détroit des Dardanelles. — Pour le Mémoire intitulé : *Description de l'Hellespont ou du Détroit des Dardanelles.* Tom. XXVIII, p. 318........................ (1756).

- 15 *pouces au degré.* - 1 *feuille de* 14 *pouces de hauteur, sur* 15 *de largeur.*

82. Carte de la Route depuis Rimini jusqu'à Milan, pour le Mémoire sur le Mille Romain. Tome XXVIII, page 346....... (1755).
- 5 *po. au d.* - 1 *f. de* 7 *po.* ½ *sur* 13.

83. Carte pour le Mémoire sur le Port-Itius et sur le Lieu du Débarquement de César dans la Grande-Bretagne. Tom. XXVIII, p. 397...................... (1757).
- 9 *po.* 4 *l. au d.* - 1 *f. de* 8 *po.* ½ *sur* 8.

84. Carte du Cours du Danube depuis son confluent avec la Drave jusqu'à Artzar, pour la Dissertation sur Taurunum et Singidunum. Tom. XXVIII, p. 410..... (1756).
- 4 *po.* 2 *l. au d.* - 1 *f. de* 7 *po. sur* 12.

85. Carte pour la Description de la Dace de Trajan. Tom. XXVIII, p. 444....... (1755).
- 1 *po.* 5 *l. au d.* - 1 *f. de* 8 *po. sur* 11 ½.

86. Carte pour le Mémoire sur la Différence de latitude et de longitude entre Alexandrie et Syéné. Tom. XXIX, Histoire, p. 250. .... (1755).
- 1 *po. au d.* - 1 *f. de* 8 *po. sur* 5.

87. Carte pour le Mémoire sur Ophir. Tom. XXX, p. 87........................ (1759).
- 1 *l.* ½ *au d.* - 1 *f. de* 7 *po. sur* 4.

88. Carte pour l'intelligence du Mémoire sur Tartessus et sur le Fretum-Gaditanum. Tome XXX, page 113.......... (1756).
- 4 *pouces* 11 *lignes au degré.* - 1 *feuille de* 7 *pouces* ½ *de hauteur, sur* 6 ½ *de largeur.*

89. Carte du Golfe Persique, pour l'intelligence du Mémoire sur ce Golfe. Tom. XXX, p. 133........................ (1758).
- 1 *po.* 3 *l. au d.* - 1 *f. de* 8 *po. sur* 12 ½.

90. Viarum Romanarum in circuitu Romæ Tabula Longimetrica. — Pour le Mémoire sur l'ancienne Rome, et sur les grandes Voies qui en sortoient. Tom. XXX, p. 198. .... 1756.
- 1 *pied* 10 *po. au d.* - 1 *f. de* 13 *po.* ½ *sur* 16.

91. Carte des Pays situés autour de la Mer-Caspienne, pour le Mémoire sur le Rempart de Gog et de Magog. Tom. XXXI, Histoire, p. 211........................ (1761).
- 2 *l.* ½ *au d.* - 1 *f. de* 4 *po.* ½ *sur* 6.

92. Carte de la Dardanie, pour le Mémoire sur deux Villes qui ont porté le nom de Justiniana. Tom. XXXI, Hist., p. 287. (1761).
- 1 *po.* 5 *l. au d.* - 1 *f. de* 3 *po.* ½ *sur* 6.

93. Carte du Golfe d'Ambracie, pour le Mémoire sur ce Golfe. Tom. XXXII, p. 515. (1761).
- 14 *po.* 7 *l. au d.* - 1 *f. de* 5 *po.* ½ *sur* 8.

94. Cyprus. — Pour le Mémoire sur l'Ile de Cypre. Tome XXXII, page 529... 1762. - 4 *pouces* 10 *lignes au degré.* - 1 *feuille de* 6 *pouces de hauteur, sur* 12 *de largeur.*

95. Carte pour le Mémoire sur l'Expédition d'Héraclius en Perse. Tom. XXXII, p. 559. .... (1762). - 1 *po. au d.* - 1 *f. de* 7 *po.* ½ *sur* 5 ½.

96. Carte pour le Mémoire sur la Sérique des anciens. Tom. XXXII, p. 573.... (1761). - 3 *l.* ½ *au d.* - 1 *f. de* 8 *po. sur* 11 ½.

* 97. La même (autre gravure)......... (1775). - 3 *l.* ½ *au d.* - 1 *f. de* 8 *po. sur* 11 ½.

Cette gravure a été faite pour une nouvelle édition du même Mémoire, qui se trouve pag. 199 de l'ouvrage intitulé : *Antiquité de l'Inde*, indiqué ci-dessous au Catalogue des ouvr. impr., N°. 32.

98. Carte pour le Mémoire sur les Limites du Monde connu des anciens au delà du Gange. Tom. XXXII, p. 605..... (1763). - 3 *l.* ½ *au d.* - 1 *f. de* 7 *po. sur* 14 ½.

* 99. La même (autre gravure)......... (1775). - 3 *l.* ½ *au d.* - 1 *f. de* 7 *po. sur* 14 ½.

Cette gravure a été faite pour une nouvelle édition du même Mémoire, qui se trouve pag. 161 de l'ouvrage intitulé : *Antiquité de l'Inde*, indiqué ci-dessous au Catalogue des ouvr. impr., N°. 32.

100. Carte pour le Mémoire sur le Lac Asphaltite. Tome XXXIV, Histoire, page 126. (1764). - 5 *pouces au degré.* - 1 *feuille de* 5 *pouces* $\frac{1}{2}$ *de hauteur, sur* 7 *de largeur.*

101. Carte pour le Mémoire intitulé : *Examen critique d'Hérodote sur ce qu'il rapporte de la Scythie.* Tom. XXXV, p. 573. .... (1765).
- 8 *lignes au d.* - 1 *f. de* 7 *po.* $\frac{1}{2}$ *sur* 11.

102. Carte pour le Mémoire sur la Mer-Erythrée. Tom. XXXV, p. 591 .... (1766).
- 8 *points au d.* - 1 *f. de* 4 *po.* $\frac{1}{2}$ *sur* 5.

103. Plan de Constantinople, pour le Mémoire sur l'étendue de cette ville comparée à celle de Paris. Tom. XXXV, p. 747. .... (1764).
- 3 *l. pour* 100 *toises.* - 1 *f. de* 6 *po.* $\frac{1}{2}$ *sur* 8.

104. Carte de quelques positions voisines de l'Ebre en Espagne, pour le Mémoire sur des noms de Peuples et de Villes, dont le fragment du 91e. livre de Tite-Live fait mention. Tom. XLI, pag. 761. .... (1773).
- 2 *po.* 10 *l. au d.* - 1 *f. de* 6 *po. sur* 4 $\frac{1}{2}$.

CARTES

INSÉRÉES DANS LE RECUEIL DE L'ACADÉMIE DES SCIENCES.

105. Carte du Cours du **Maragnon** ou de la grande Rivière des Amazones dans sa partie navigable, depuis Jaen de Bracamoros jusqu'à son embouchure, et qui comprend la province de Quito et la côte de la Guyane depuis le Cap-Nord jusqu'à Esséquébé, levée en 1743 et 1744, et assujettie aux observations astronomiques par M. de la Condamine, augmentée du Cours de la Rivière-Noire, et d'autres détails tirés de divers Mémoires et Routiers manuscrits de voyageurs modernes. — Pour la Relation abrégée du Voyage fait dans l'Intérieur de l'Amérique méridionale, depuis la côte de la Mer du Sud jusques aux côtes du Brésil et de la Guyane en descendant la Rivière des Amazones, par M. de la Condamine. .... Année 1745, page 492. - 4 *lignes* $\frac{1}{2}$ *au degré*. - 1 *feuille de* 6 *pouces de hauteur, sur* 14 *de largeur*.

Cette Carte se trouve aussi dans l'édition particulière de cette Relation que M. de la Condamine a fait imprimer en 1745 à Paris, en un vol. *in*-8°., et pour laquelle elle avoit d'abord été faite.

106. Carte pour le Mémoire sur la Mésopotamie.......... Année 1773, page 68. - 1 *pouce au degré.* - 1 *feuille de* 7 *pouces de hauteur, sur* 6 *de largeur.*

* 107. Carte de la Mer-Caspienne pour le Mémoire sur cette Mer... An. 1777, p. 368. - 9 *lignes au d.* - 1 *f. de* 9 *po. sur* 5.

Voyez ci-dessous au Catalogue des ouvrages imprimés, Nos. 35 et 77.

GÉOGRAPHIE MODERNE.

CARTES GÉNÉRALES.

* 108. Mappe-Monde.

Hémisphère oriental ou de l'Ancien-Monde.................... 1761. - 2 *lignes au degré du grand cercle.* - 1 *feuille de 24 pouces de hauteur, sur 22 de largeur.*

Hémisphère occidental ou du Nouveau-Monde.................... 1761. - 2 *l. au degré du grand cercle.* - 1 *f. de 24 po. sur 22.*

M. d'Anville a fait de grands changemens à cette Carte en différens temps : 1°. en (1772), il a ajouté toutes les découvertes de M. de Bougainville, tant dans la Mer du Sud que vers la Nouvelle-Guinée, et il a supprimé la Terre du Saint-Esprit de Quiros; 2°. en (1777), il a refait toutes les Iles de la Mer du Sud, ainsi que celles voisines de la Nouvelle-Guinée, d'après les Voyages des Anglais et des Français; il a supprimé les Iles de Salomon; la Côte orientale de la Nouvelle-Hollande et toutes celles de la Nouvelle-Zélande ont été tracées d'après les Voyages du capitaine Cook; la Géorgie et Thulé, au midi de l'Amérique, ont été également placées d'après les Voyages de Cook; et, enfin, il a marqué la Terre vue en 1774 au midi de la

Mer des Indes, d'après la première reconnoissance qu'en fit M. de Kerguelen ; 3°. en (1778), il a changé toute la Mer d'Anadir, entre l'Asie et l'Amérique, d'après les nouvelles Cartes russes.

Depuis, en 1786, M. Barbié du Bocage, Élève de M. d'Anville, a encore revu et augmenté cette Carte des découvertes faites jusqu'à cette époque; 1°. il a refait toutes les Côtes de l'Amérique septentrionale, depuis la Pointe méridionale de la Californie jusqu'à la Mer-Glaciale et celles de la Baye d'Hudson avec les parties voisines, d'après les Voyages de Cook et d'autres Navigateurs ; 2°. toute la partie correspondante de l'Asie, y compris le Kamczatka, a été également refaite d'après les Cartes anglaises et russes; 3°. il a retracé presque toutes les Côtes de la Nouvelle-Hollande d'après les Cartes anglaises et hollandaises ; 4°. il a figuré la Nouvelle-Guinée (*a*) et la Terre des Arsacides d'après les relévemens des Français, des Anglais et des Hollandais, combinés; 5°. il a dessiné toutes les Iles de la Mer du Sud, y compris même celles de la Nouvelle-Zéelande, d'après les Navigations des Anglais, des Français et des Hollandais ; 6°. la partie méridionale de l'Amérique, depuis l'Ile de Chiloë jusqu'à la rivière de la Plata, a été refaite d'après les Cartes anglaises, françaises et espagnoles, ainsi que la Terre-de-Feu et les Iles-Malouines ; 7°. il a tracé la Nouvelle-Géorgie ou l'Ile Saint-Pierre et la Terre de Sandwich, d'après les Anglais et les

(*a*) *Voyez* pour cette correction de la Nouvelle-Guinée, la Lettre e M. Barbié du Bocage aux Rédacteurs du Magasin Encyclopédique, première année, tome I, page 526.

Français; 8°. il a placé les Iles Marion et la Terre de Kerguelen (*b*), d'après les navigations des Français et des Anglais; et 9°. enfin, il a marqué les États-Unis dans l'Amérique Septentrionale.

109. Carte réduite de la Mer du Sud, selon la nouvelle hypothèse de la longitude. — Pour l'ouvrage de M. d'Anville, intitulé: *Mesure conjecturale de la Terre sur l'Équateur, en conséquence de l'étendue de la Mer du Sud.* . . . . 1736. - 6 *points au degré de longitude.* - 1 *feuille de* 3 *pouces* $\frac{1}{2}$ *de hauteur, sur* 7 $\frac{1}{2}$ *de largeur.*

Voyez ci-dessous au Catalogue des ouvrages imprimés, N°. 6.

(*b*) *Voyez* pour cette correction de la Terre de Kerguelen, la Lettre de M. Barbié du Bocage aux Rédacteurs du Magasin Encyclopédique, première année, tome II, page 205.

EUROPE.

* 110. Carte d'Europe.

Première Partie contenant la France, l'Alemagne, l'Italie, l'Espagne et les Iles Britanniques .... 1754.

- 1 *pouce* 5 *lignes au degré.* - 2 *feuilles formant* 36 *pouces* ½ *de hauteur, sur* 30 *de largeur.*

En (1756), M. d'Anville a fait à cette Partie un changement presque total de l'Andalousie et du royaume de Grenade en Espagne.

Seconde Partie contenant le Danemark et la Norwège, la Suède et la Russie, (à l'exception de l'Ukraine.)...... 1758.

- 1 *po.* 5 *l. au d.* - 2 *f. formant* 25 *po.* ½ *sur* 37.

A cette Partie, M. d'Anville a changé, en (1759), la disposition du mot Slobodka, dans la Russie, au 55e. degré de longitude, et il a interrompu la jonction qui existoit, mal à propos, entre la rivière de Ruza et celle Wolok-Lamskoi, au 54e. degré de longitude; en 1776, il a refait toute la Norwège depuis le Finmark, en descendant vers le midi, jusque près de Christiania.

Troisième Partie contenant le midi de la Russie, la Pologne et la Hongrie, la Turquie, y compris celle d'Asie presqu'entière .... 1760.

- 1 *po.* 5 *l. au d.* - 2 *f. formant* 37 *po.* ½ *sur* 30.

M. d'Anville a fait à cette Partie plusieurs changemens; 1°. en (1761), il a changé les environs de Trébisonde et de Semisat, dans la Turquie d'Asie; 2°. en (1762), il a refait toute l'Ile de Cypre, d'après la Carte de cette île qu'il venoit de publier dans les Mémoires de l'Académie des Belles-Lettres; 3°. en (1764), il a changé tout le cours de la Vistule d'après une Carte manuscrite, ainsi que toutes les rivières de l'intérieur de la Macédoine et une partie de celles de l'Albanie, d'après sa Carte intitulée : *Græciæ antiquæ specimen Geographicum*, et il a refait toute la partie supérieure du cours du Méandre dans l'Asie-mineure, ainsi que les environs de Kutaïeh et d'Ak-shehr, d'après les travaux préparatoires pour sa Carte intitulée : *Asiæ quæ vulgo minor dicitur et Syriæ tabula geographica*; 4°. en (1772), il a ajouté, dans cette même Asie-mineure, les grands mots de Versak et Aladeuli; et 5°. enfin, en 1779, toute la Moldavie et la Valakie presqu'entière ont été retracées d'après une Carte de Schmidius.

111. La France et les Pays voisins jusqu'à l'étendue de la Gaule ancienne. — Pour la Description historique et géographique de la France ancienne et moderne, par l'abbé de Longuerue. . . . . 1719. - 1 *pouce 2 lignes au degré*. - 1 *feuille de* 14 *pouces de hauteur*, *sur* 13 ½ *de largeur*.

112. Ile-de-France, Champagne, Picardie, Normandie, Bretagne, Maine, Anjou, Touraine, Orléanois, Nivernois, Berry, Bourbonnois. — Pour le même ouvrage. 1719.

- 2 pouces 5 lignes au degré. - 1 feuille de 12 pouces de hauteur, sur 17 ½ de largeur.

113. Auvergne, Limosin, La Marche, Poitou, Aunis, Saintonge et Angoumois, Guienne, Béarn et Basse-Navarre, Foix, Roussillon, Languedoc. — Pour la Description historique et géographique de la France ancienne et moderne, par l'abbé de Longuerue . . . . 1719.
- 2 po. 5 l. au d. - 1 f. de 12 po. ½ sur 18.

114. Lyonnois, Bourgogne, Franche-Comté, Dauphiné, Provence. — Pour le même ouvrage . . . . (1719).
- 2 po. 5 l. au d. - 1 f. de 12 po. ½ sur 12 ½.

115. Les Pays-Bas. — Pour le même ouvrage. . . . . 1719.
- 2 po. 5 l. au d. - 1 f. de 11 po. ½ sur 17.

116. Lorraine, Alsace. — Pour le même ouvrage . . . . 1719.
- 2 po. 5 l. au d. - 1 f. de 8 po. sur 10.

117. Suisse, Savoie. — Pour le même ouvrage. . . . . (1719).
- 2 po. 5 l. au d. - 1 f. de 7 po. ½ sur 10.

118. La France. — Pour la Description géographique et historique de la France de Piganiol de la Force . . . . 1732.
- 1 po. 2 l. au d. - 1 f. de 11 po. sur 13.

119. La France. — Pour l'Almanach Royal. .... (1755).
- 9 *lignes au degré*. - 1 *feuille de* 7 *pouces de hauteur, sur* 8 *de largeur*.

Cette Carte, qui est très-bien gravée, a été dressée sur la demande du Roi et par ordre de M. de Rouillé, alors Ministre. Néanmoins on la chercheroit en vain dans les Almanachs ordinaires; elle ne se mettoit que dans l'exemplaire du Roi.

120. La France divisée en Provinces et en Généralités, dont le plan est celui de l'ancienne Gaule. — Pour M. Abeille, Secrétaire du Bureau du Commerce............................... 1773 et 1774.
- 1 *po.* 8 *l. au d.* - 1 *f. de* 15 *po. sur* 17.

En 1774, il a été fait un changement à cette Carte. La Généralité de Bayonne et celle d'Auch y ont été fondues en une seule, appelée *Généralité d'Auch*; et alors on a changé la date de 1773 en celle de 1774.

* 121. La France divisée en Provinces et en Généralités, dont le plan est celui de l'ancienne Gaule.................... 1780.
- 1 *po.* 8 *l. au d.* - 1 *f. de* 15 *po.* ½ *sur* 17.

122. Les Environs de Paris, à trois lieues à la ronde.......................... ( )
- 1 *ligne pour* 100 *toises*. - 1 *f. de* 17 *po.* ½ *sur* 17 ½.

Cette Carte a été faite par M. d'Anville pour les Chasses-Marées; mais, depuis sa mort, elle a été arrangée pour former une Carte du Département de Paris.

123. Carte topographique du Diocèse de Lizieux........................( )
- 28 *pouces* ½ *au degré.* - 2 *feuilles formant* 26 *pouces* ½ *de hauteur, sur* 19 *de largeur.*

Voyez au Catalogue des ouvrages imprimés, N°s. 1 et 2, l'indication des différens Mémoires que M. d'Anville a dressés pour la confection de cette Carte.

124. Carte d'une partie du Cours de la Loire et de quelques Positions de lieux dans l'espace d'environ quatre degrés de longitude, pour servir à la Mesure de la terre sur les parallèles................ 1734.
- 6 *po. au d.* - 1 *f. de* 6 *po. sur* 16.

Cette Carte a été dressée par M. d'Anville pour son ouvrage, intitulé : *Proposition d'une mesure de la Terre, dont il résulte une diminution considérable dans sa circonférence sur les parallèles. Voyez* ci-dessous au Catalogue des ouvrages imprimés, N°. 5.

125. Carte pour servir au jugement du procès d'entre le Duc d'Orléans, le Prince de Conti et le Comte de la Marche, d'une part; et Madame la Maréchale d'Etrées, les Dames héritières de feu le Maréchal

d'Etrées et le Sieur Amelot, Ingénieur, d'autre part ; au sujet d'un Canal que l'on propose de faire depuis Cône sur la Loire jusqu'à Surgi ou Coulange sur l'Yonne, au préjudice des Canaux d'Orléans, du Loin et de Briare. — Pour. .... 1739.
- *7 pouces 4 lignes au degré.* - 1 *feuille de* 23 *pouces* ½ *de hauteur, sur* 12 ½ *de largeur.*

126. Carte du Comtat-Venaissin, et qui comprend six Diocèses, Avignon, Carpentras, Vaison, Cavaillon, Orange et Saint-Paul-trois-Châteaux. — Pour le Gouvernement du Comtat............. 1745.
- 19 *po. au d.* - 1 *f. de* 18 *po. sur* 13.

127. Fréjus et ses Environs. — Pour.......... M. de Caylus.................... 1758.
- 5 *lignes pour* 100 *toises.* - 1 *f. de* 6 *po. sur* 5.

128. Carte du Royaume d'Arragon dressée sur plusieurs Cartes manuscrites et imprimées, sur les Mémoires composés dans le pays par M. l'abbé de Vairac, sur les Cartes topographiques des Pyrénées levées sur les lieux par M. Roussel, Ingénieur du Roi, conformément à ce que les auteurs Espagnols en ont écrit, le

tout assujetti à des observations astronomiques ; *ou* Théâtre de la Guerre d'Espagne .... 1719.
- 11 *pouces au degré. - 2 feuilles formant* 32 *pouces de hauteur, sur* 28 *de largeur.*

Cette Carte a été gravée par ordre du Duc d'Orléans, Régent, mais contre le vœu de M. d'Anville, qui ne la croyoit pas assez parfaite pour être publiée ; néanmoins, on peut assurer qu'en plusieurs endroits, il a corrigé avantageusement celle de M. Roussel.

* 129. L'Italie .... 1743.
- 2 *po.* 9 *l. au d.* - 2 *f. formant* 30 *po. sur* 25.

M. d'Anville a rendu compte de la construction de cette Carte, dans un ouvrage intitulé : *Analyse géographique de l'Italie*, indiqué ci-dessous au Catalogue des ouvrages imprimés, N°. 14. Néanmoins, en (1754), il a fait quelques changemens à cette Carte entre Pise et Florence, et en (1764), il en a fait encore d'autres, particulièrement la suppression de la Linosa, petite île à l'ouest de Malte.

* 130. Position des Points discutés dans l'Analyse géographique de l'Italie. — Pour l'ouvrage de M. d'Anville, intitulé : *Analyse géographique de l'Italie*, page 29. (1744).
- 1 *po.* 4 *l. au d.* - 1 *f. de* 14 *po. sur* 17.

* 131. Parallèle du Contour de l'Italie, selon les

Cartes de MM. Delisle et Sanson, et celle qui résulte de l'Analyse géographique de ce continent par M. d'Anville. — Pour l'ouvrage de M. d'Anville, intitulé : *Analyse géographique de l'Italie*, page 277. .... (1744). - *1 pouce 4 lignes au degré. - 1 feuille de 13 pouces ½ de hauteur, sur 17 de largeur.*

* 132. Les Côtes de la Grèce et l'Archipel... 1756. - 3 *po.* 1 *l. au d. - 1 f. de* 19 *po.* ½ *sur* 26.

M. d'Anville a rendu compte de la construction de cette Carte, dans un Mémoire ayant pour titre : *Analyse de la Carte intitulée, Les Côtes de la Grèce et l'Archipel*, indiqué ci-dessous au Catalogue des ouvrages imprimés, N°. 22. Néanmoins, en 1779, il a changé la figure du Golfe de Macri, d'après la Carte particulière de ce Golfe qui se trouve dans le Voyage Pittoresque de la Grèce de M. de Choiseul-Gouffier.

* 133. Hongrie et Pays adjacens entre le Golfe de Venise et la Mer-Noire......... (   ). - 2 *po.* 9 *l. au d. - 2 f. formant* 22 *po. sur* 31.

Cette Carte, qui comprend la Hongrie, la Transylvanie, l'Esclavonie, la Croatie, la Dalmatie, la Bosnie, la Moldavie et la Valaquie avec la route de Belgrade à Constantinople, et toute la Mer de Marmara, n'a été gravée qu'en partie. M. d'Anville ayant appris que l'on alloit publier à Nuremberg une Carte de la Hongrie en quatre feuilles, et craignant qu'elle ne fût supérieure à la sienne, il supprima celle-ci et en arrêta la gravure. La feuille orientale est entièrement terminée, mais l'occidentale, qui renfermoit le cartouche, est restée au trait, avec quelques lettres.

134. Partie de l'Empire de Russie comprise en Europe. — Pour l'Histoire de l'Empire de Russie sous Pierre-le-Grand, par Voltaire................ 1759 et 1760. - *7 lignes ½ au degré.* - *1 feuille de 16 pouces de hauteur, sur 13 de largeur.*

Cette Carte porte ici deux dates, parce qu'après avoir servi à une première édition en 1759, on en a changé la date en celle de 1760, pour une seconde édition.

135. Partie de l'Empire de Russie comprise en Asie. — Pour le même ouvrage... 1759. - *3 l. au d.* - *1 f. de 10 po. ½ sur 17 ½.*

136. La même, autre gravure. — Pour le même ouvrage, édition de 1760........ 1759. - *3 l. au d.* - *1 f. de 10 po. ½ sur 17 ½.*

ASIE.

* 137. Carte d'Asie.

Première Partie contenant la Turquie, l'Arabie, la Perse, l'Inde en deçà du Gange, et de la Tartarie ce qui est limitrophe de la Perse et de l'Inde... 1751. - *7 lignes au degré. - 2 feuilles formant 27 pouces ½ de hauteur, sur 29 de largeur.*

En (1753), M. d'Anville a fait de grands changemens à cette partie dans la presqu'île de l'Inde en deçà du Gange, surtout depuis le Cap-Cagliamera jusqu'à Aurengabad dans les terres, d'après sa Carte particulière de la *Côte de Coromandel;* en (1755), il a changé toute la partie septentrionale et orientale de la Mer-Caspienne, d'après sa Carte intitulée : *Essai d'une nouvelle Carte de la Mer-Caspienne*, et il a ajouté quelques rivières au nord du Sirr; en (1758), il a retracé toute la Côte méridionale du Golfe-Persique, d'après les travaux qu'il venoit de faire sur ce golfe; enfin, en (1763), il a ajouté un grand nombre de rivières et de positions, tant au nord qu'au sud du Gange, d'après la Carte qu'il avoit dressée pour M. Law de Lauriston.

Seconde Partie contenant la Chine et partie de la Tartarie, l'Inde au delà du Gange, les Iles Sumatra, Java, Bornéo, Moluques, Philippines et du Japon. 1752. - *7 l. au d. - 2 f. formant* 30 *po.* ½ *sur* 25 ½.

En (1761), M. d'Anville a changé, dans cette partie, toutes les îles qui se trouvent entre celles du Japon et l'Ile-Formose, d'après une Carte venue de la Chine; il en a fait autant pour la Nouvelle-Guinée, une partie de l'Ile de Gilolo et les îles qui se trouvent entre-deux, d'après une Carte hollandaise; et en 1780, il a encore refait toute la partie septentrionale de Bornéo et les îles qui en sont voisines, d'après une Carte de M. Dalrymple qui se trouve dans l'Atlas de M. d'Après de Mannevillette.

Troisième Partie contenant la Sibérie et quelques autres parties de la Tartarie. .... 1753. - *7 lignes au degré. - 2 feuilles formant 19 pouces de hauteur, sur 40 de largeur.*

En (1754), M. d'Anville a changé, dans cette partie, le haut du cours du Jaïk, celui de la rivière de Bielaia et un assez grand nombre d'autres rivières au midi de Tobolsk, d'après des Cartes russes; en (1755), il a refait la partie septentrionale de la Mer-Caspienne, d'après sa Carte intitulée: *Essai d'une nouvelle Carte de la Mer-Caspienne,* et il a retracé la partie inférieure du cours du Jaïk, une partie de celui de l'Obi aux environs de Surgut, et quelques rivières au nord du Sirr, d'après des Cartes russes.

138. **Carte la plus générale et qui comprend la Chine, la Tartarie Chinoise et le Tibet, dressée sur les Cartes particulières des Jésuites, à laquelle on a joint les pays**

compris entre Kashgar et la Mer-Caspienne, tirés des Géographes et des Historiens orientaux. — Pour la Description de la Chine, par le P. du Halde... 1734. - 5 *lignes au degré.* - 1 *feuille de* 17 *pouces* ½ *de hauteur, sur* 26 *de largeur.*

139. Carte générale de la Chine dressée sur les Cartes particulières que l'Empereur Cang-hi a fait lever sur les lieux, par les Jésuites-Missionnaires dans ce pays. — Pour le même ouvrage....... 1730. - 10 *l. au d.* - 1 *f. de* 22 *po. sur* 19.

140. Province de Pe-tche-li. — Pour le même ouvrage..................... (1729). - 2 *pouces* 1 *l. au d.* - 1 *feuille de* 14 *po. sur* 11.

141. Province de Kiang-nan. — Pour le même ouvrage.................... (1729). - 2 *po.* 1 *l. au d.* - 1 *f. de* 13 *po.* ½ *sur* 13.

142. Province de Kiang-si. — Pour le même ouvrage.................... (1729). - 2 *po.* 1 *l. au d.* - 1 *f. de* 12 *po.* ½ *sur* 10.

143. Province de Fo-kien. — Pour le même ouvrage.................... (1729). - 2 *po.* 1 *l. au d.* - 1 *f. de* 14 *po. sur* 12.

144. Province de Tche-kiang. — Pour le même ouvrage.................... (1729).

- 2 *pouces* 1 *ligne au degré.* - 1 *feuille de* 9 *pouces* ½ *de hauteur, sur* 9 *de largeur.*

145. Province de Hou-quang. — Pour la Description de la Chine, par le P. du Halde. .... (1729).
- 2 *po.* 1 *l. au d.* - 1 *f. de* 18 *po. sur* 15.

146. Province de Ho-nan. — Pour le même ouvrage........................ (1729).
- 2 *po.* 1 *l. au d.* - 1 *f. de* 12 *po. sur* 12.

147. Province de Chan-tong. — Pour le même ouvrage....................... (1729).
- 2 *po.* 1 *l. au d.* - 1 *f. de* 8 *po.* ½ *sur* 13 ½.

148. Province de Chan-si. — Pour le même ouvrage........................ (1729).
- 2 *po.* 1 *l. au d.* - 1 *f. de* 13 *po.* ½ *sur* 9.

149. Province de Chen-si. — Pour le même ouvrage........................ (1729).
- 2 *po.* 1 *l. au d.* - 1 *f. de* 17 *po.* ½ *sur* 20.

150. Province de Se-tchuen. — Pour le même ouvrage....................... (1729).
- 2 *po.* 1 *l. au d.* - 1 *f. de* 15 *po. sur* 18.

151. Province de Quang-tong. — Pour le même ouvrage....................... (1729).
- 2 *po.* 1 *l. au d.* - 1 *f. de* 15 *po.* ½ *sur* 19 ½.

152. Province de Quang-si. — Pour le même ouvrage....................... (1729).
- 2 *po.* 1 *l. au d.* - 1 *f. de* 10 *po. sur* 15.

153. Province de Yun-nan. — Pour la Description de la Chine, par le P. du Halde... .... (1729).
- 2 *pouces* 1 *ligne au degré.* - 1 *feuille de* 13 *pouces* ½ *de hauteur, sur* 16 *de largeur.*

154. Province de Koei-tcheou. — Pour le même ouvrage...................... (1729).
- 2 *po.* 1 *l. au d.* - 1 *f. de* 9 *po.* ½ *sur* 11.

155. Carte générale de la Tartarie Chinoise, dressée sur les Cartes particulières faites sur les lieux par les Jésuites et sur les Mémoires particuliers du P. Gerbillon. — Pour le même ouvrage....... 1732.
- 10 *l. au d.* - 1 *f. de* 18 *po.* ½ *sur* 29.

156. Cartes particulières de la Tartarie Chinoise. — Pour le même ouvrage...... (1731).
- 2 *po.* 1 *l. au d.* - 12 *f. formant* 31 *po.* ½ *sur* 69.

157. Royaume de Corée. — Pour le même ouvrage...................... (1730).
- 2 *po.* 1 *l. au d.* - 1 *f. de* 19 *po. sur* 13.

158. Carte des Pays traversés par le capitaine Beerings, depuis la ville de Tobolsk jusqu'à Kamstschatka. — Pour le même ouvrage...................... (1732).
- 3 *l.* ½ *au d.* - 1 *f. de* 8 *po.* ½ *sur* 20.

159. Carte générale du Tibet, ou Bout-tan, et

des Pays de Kashgar et Hami, dressée sur les Cartes et Mémoires des Jésuites de la Chine et accordée avec la situation constante de quelques Pays voisins. — Pour la Description de la Chine, par le P. du Halde.................. 1733.
- 10 *lignes au degré.* - 1 *feuille de* 17 *pouces de hauteur, sur* 21 ½ *de largeur.*

160. Cartes particulières du Tibet. — Pour le même ouvrage............... (1732).
- 2 *po.* 1 *l. au d.* - 9 *f. formant* 38 *po.* ½ *sur* 38.

Toutes les Cartes précédentes, depuis et compris le N°. 138, forment ce que l'on appelle communément l'*Atlas de la Chine de M. d'Anville;* néanmoins ce Géographe n'a pas une égale part dans la construction de toutes. Les Cartes de détail lui ont été fournies par les Jésuites, et il n'a fait que les mettre en état d'être gravées; mais les Cartes générales, c'est-à-dire celles N°s. 138, 139, 155 et 159, sont entièrement de lui. Il les a formées d'après celles de détail, en les assujettissant aux observations astronomiques, et il y a même ajouté, de son propre fonds, tout ce qui remplit le cadre de ces mêmes Cartes, et qui ne lui avoit pas été fourni par les Jésuites.

Ces Cartes, qui ont été faites pour la Description de la Chine du Père du Halde, ont été retouchées pour accompagner également la Description de cet Empire par l'abbé Grosier; elles avoient déjà été copiées à la Haye en 1737, sous le titre de *Nouvel*

Atlas de la Chine, de la Tartarie Chinoise, et du Thibet, par M. d'Anville.

* 161. Carte représentant les Iles du Japon, et une partie de la Tartarie Chinoise jusque et compris le Kamtchatka (sans titre). .... (1737). - 2 *lignes* ½ *au degré.* - 1 *feuille de* 8 *pouces de hauteur, sur* 6 ½ *de largeur.*

Cette Carte a été dressée pour la *Lettre de M. d'Anville au R. P. Castel, Jésuite, au sujet des Pays de Kamtchatka et de Jeço*, indiquée ci-dessous au Catalogue des ouvrages imprimés, N°. 7.

* 162. Carte de l'Inde dressée pour la Compagnie des Indes..................... 1752. - 1 *pouce* 4 *l. au d.* - 3 *f. formant* 32 *po.* ½ *sur* 38 ½.

M. d'Anville, en construisant, en 1753, la Carte de la *Côte de Coromandel* indiquée ci-dessous, N°. 165, a fait de grandes corrections à celle-ci. Il a changé presque toute la Côte de Coromandel depuis le Cap-Cagliamera en montant au nord, jusqu'à la rivière de Krishna, et ces changemens s'étendent assez avant dans les terres. Il a rendu compte de la construction de cette Carte, ainsi que de celle particulière de la *Côte de Coromandel*, dans un ouvrage intitulé : *Éclaircissemens géographiques sur la Carte de l'Inde*, indiqué au Catalogue des ouvrages imprimés, sous le N°. 19.

163. Partie de l'Inde entre Delhi et Patna, d'après la grande Carte de l'Inde dressée par

M. d'Anville, en 1752, avec les Additions qui ont été fournies par M. Law de Lauriston. — Pour M. Law de Lauriston........................ 1763.
- 1 *pouce* 5 *lignes au degré.* - 1 *feuille de* 7 *pouces* ½ *de hauteur, sur* 14 ½ *de largeur.*

164. Nouvelle Carte d'une grande partie de la presqu'Ile des Indes en deçà du Gange, dressée sur deux Cartes manuscrites des Jésuites. — Pour le Recueil des Lettres édifiantes, tome XXIII de l'ancienne édition, page 105; tome XV de la nouvelle, page 5........................ 1737.
- 1 *po.* 6 *l. au d.* - 1 *f. de* 13 *po. sur* 9 ½.

* 165. Carte de la Côte de Coromandel. — Pour la Compagnie des Indes......... 1753.
- 5 *po.* 3 *l. au d.* - 2 *f. formant* 36 *po. sur* 18 ½.

M. d'Anville a rendu compte de la construction de cette Carte, ainsi que de celle de l'*Inde* mentionnée ci-dessus, N°. 162, dans un ouvrage intitulé : *Éclaircissemens géographiques sur la Carte de l'Inde*, qui est indiqué au Catalogue des ouvrages imprimés, sous le N°. 19; néanmoins, peu de temps après la composition de celle-ci, il y a ajouté le nom de la rivière *Vall-arru* qui se jette dans la Mer près de Porto-Novo, et le petit lieu de *Olgarei* près de Pondichéri.

* 166. Golfe Persique dressé en 1758 et publié en 1776..................1758 et 1776. - 2 *pouces* 1 *ligne au degré.* - 1 *feuille de* 10 *pouces* ½ *de hauteur, sur* 16 *de largeur.*

M. d'Anville avoit dressé cette Carte dans le même temps qu'il lut son Mémoire intitulé : *Recherches géographiques sur le Golfe Persique*, à l'Académie des Inscriptions et Belles-Lettres (*voyez* au Catalogue des ouvrages imprimés, N°. 59), et cette Carte étoit restée dans le porte-feuille; mais apprenant qu'on alloit publier une nouvelle Carte de ce Golfe dans le Neptune oriental, il s'empressa de faire graver celle-ci, afin que les Auteurs du Neptune eussent la liberté de jouir du fruit de son travail.

* 167. Essai d'une nouvelle Carte de la Mer-Caspienne........................ 1754. - 1 *po.* 9 *l. au d.* - 1 *f. de* 19 *po. sur* 9 ½.

Quoique M. d'Anville n'ait point annexé, dans le temps, d'ouvrage à cette Carte, pour rendre compte de sa construction, néanmoins on peut voir dans son *Mémoire sur la Mer-Caspienne*, qu'il a lu depuis à l'Académie des Sciences, et qui est indiqué ci-dessous au Catalogue des ouvrages imprimés, N°s. 35 et 78, les principales raisons sur lesquelles il s'est fondé dans sa composition.

168. Carte sur laquelle est tracée la route de M. Otter, de Constantinople à Ispahan, et son retour d'Ispahan à Constantinople, etc. — Pour le voyage en Turquie et en Perse de M. Otter............. 1748.

- *6 lignes ½ au degré. - 1 feuille de 8 pouces de hauteur, sur 13 ½ de largeur.*

* 169. Carte de la Phœnicie et des Environs de Damas, dressée en 1752, et publiée en 1780 .... 1752 et 1780. 6 *po. au d. - 1 f. de* 18 *po. sur* 13.

Cette Carte, qui est très-détaillée, a été dressée particulièrement sur les Mémoires de l'abbé Ascari, Maronite.

* 170. Golfe Arabique ou Mer-Rouge ..... 1765. - 1 *po.* 4 *l. au d. - 2 f. formant* 25 *po. sur* 18.

M. d'Anville avoit déjà entrepris en 1746, une grande Carte de ce Golfe, qui a été refondue dans celle-ci. Cette Carte entre dans l'ouvrage intitulé : *Mémoires sur l'Égypte ancienne et moderne, suivis d'une Description du Golfe-Arabique ou Mer-Rouge*, qui est indiqué ci-dessous au Catalogue des ouvrages imprimés, N°. 24. Cette *Description* est l'analyse complète de la Carte.

AFRIQUE.

171. Carte d'Afrique. — Pour la Relation de l'Afrique occidentale du P. Labat. 1727. - 1 *ligne au degré.* - 1 *feuille de* 7 *pouces* ½ *de hauteur, sur* 9 ½ *de largeur.*

* 172. Carte d'Afrique.................. 1749. - 6 *l. au d.* - 3 *f. formant* 36 *po. sur* 36.

En (1751), M. d'Anville a changé dans cette Carte le cours de la Rivière de Gambie, depuis son embouchure, en remontant, jusqu'à Barraconda, d'après sa *Carte particulière de la Côte occidentale d'Afrique*, qu'il venoit de construire; en (1761), il a reculé vers l'orient, toute la partie méridionale de l'Afrique, depuis le Cap das Voltas, en tournant par le Cap de Bonne-Espérance, jusqu'à la Baie de Lourenço-Marques, d'après une nouvelle détermination de longitude de la ville du Cap; il a corrigé la partie septentrionale de l'Ile de Madagascar, ainsi que la position des Iles de France et de Bourbon et celle de Joaõ de Nova, avec celles qui l'avoisinent, d'après de nouvelles Cartes marines; en (1770), il a ajouté le Golfe et la Rivière de Saint-Cyprien, un peu au Nord du Cap-Blanc, et en 1777, il a encore changé la position des Amirantes, de l'Ile Mahé et des Iles voisines au nord de Madagascar, d'après le Neptune oriental de d'Après.

* 173. Égypte nommée dans le pays Missir. 1765. 3 *po.* 1 *l. au d.* - 2 *f. formant* 25 *po. sur* 15.

Cette Carte entre dans l'ouvrage de M. d'Anville,

intitulé : *Mémoires sur l'Égypte ancienne et moderne*, etc., page 218, indiqué ci-dessous au Catalogue des ouvrages imprimés, N°. 24, qui a été fait pour son explication spéciale.

* 174. Plan d'Alexandrie. — Pour l'ouvrage de M. d'Anville, intitulé : *Mémoires sur l'Égypte ancienne et moderne*, etc., page 53 .... (1766).
- 5 *lignes pour* 100 *toises*. - 1 *feuille de* 9 *pouces* ½ *de hauteur, sur* 13 ½ *de largeur*.

Dans un angle de cette Planche, est le plan particulier de l'ancienne Alexandrie.

* 175. Carte représentant les Environs du Caire et de Memphis (sans titre.) — Pour le même ouvrage, page 131...... (1766).
- 23 *pouces au degré*. - 1 *f. de* 8 *po. sur* 5.

Cette Carte comprend les noms anciens et modernes placés comparativement.

176. Carte de la Barbarie et Nigritie. — Pour .... 1738.
- 6 *l. au d.* - 1 *f. de* 14 *po. sur* 17.

177. Carte de la Partie occidentale de l'Afrique comprise entre Arguin et Serre-Lione, où l'on a représenté avec plus de circonstances et d'exactitude que dans aucune autre Carte précédente, non seulement le détail de la côte et les entrées des rivières, mais encore un assez grand détail de l'intérieur des terres, jusqu'à une très-grande distance de la Mer; en

sorte qu'on y indique les divers royaumes et les nations des Nègres, le cours des grandes rivières, notamment de Sénéga et Gambie, et les Établissemens que les Nations européennes, Français, Portugais et Anglais, ont sur la côte et dans le pays, dressée sur plusieurs Cartes et divers Mémoires. — Pour la Relation de l'Afrique occidentale du P. Labat. 1727. - 1 *pouce 7 lignes au degré.* - 1 *feuille de* 24 *pouces de hauteur, sur* 19 *de largeur.*

Sur cette Carte est un petit tableau particulier et très-intéressant, représentant le cours du Niger suivant l'opinion de l'Edrisi.

* 178. Carte particulière de la Côte occidentale de l'Afrique, depuis le Cap-Blanc jusqu'au Cap de Verga, et du Cours des rivières de Sénéga et de Gambie, en ce qui est connu, dressée pour la Compagnie des Indes........................ 1751. - 3 *po.* 2 *l. au d.* - 2 *f. formant* 37 *po.* ½ *sur* 26.

179. Carte générale de la Concession du Sénégal (c'est-à-dire, la Côte d'Afrique depuis le Cap-Blanc jusqu'à Serre-Lione.) — Pour la Relation de l'Afrique occidentale du P. Labat................. (1727). - 10 *l. au d.* - 1 *f. de* 13 *po. sur* 5 ½.

180. Carte générale du Cours de la Rivière de

Sénégal. — Pour la Relation de l'Afrique occidentale du P. Labat........ (1727).
- 1 *pouce* 3 *lignes au degré*. - 1 *feuille de* 5 *pouces de hauteur, sur* 14 $\frac{1}{2}$ *de largeur*.

181. Carte de la Côte de Guinée et du Pays, autant qu'il est connu, depuis la rivière de Serre-Lione jusqu'à celle des Camarones. — Pour le Voyage de Desmarchais en Guinée, écrit par le P. Labat.. 1729.
- 1 *po*. 3 *l. au d*. - 1 *f. de* 7 *po. sur* 29.

* 182. Guinée, entre Serre-Lione et le Passage de la Ligne........................ 1775.
- 1 *po. au d*. - 1 *f. de* 12 *po. sur* 25.

183. Carte particulière de la partie principale de la Guinée située entre Issini et Ardra. — Pour le Voyage de Desmarchais en Guinée, écrit par le P. Labat.... 1729.
- 3 *po*. 11 *l. au d*. - 1 *f. de* 10 *po. sur* 20.

184. L'Éthiopie occidentale (c'est-à-dire, les Royaumes de Congo, Angola, Benguela, et partie de celui de Manamotapa). — Pour la Relation de l'Éthiopie occidentale du P. Labat................ 1732.
- 6 *l. au d*. - 1 *f. de* 11 *po. sur* 14.

185. Carte particulière du Royaume de Congo et de ce qui précède depuis le Cap de Lopo. — Pour le même ouvrage.. 1731.
- 1 *po. au d*. - 1 *f. de* 9 *po*. $\frac{1}{2}$ *sur* 12 $\frac{1}{2}$.

186. Carte particulière des Royaumes d'Angola,

de Matamba et de Benguela. — Pour la Relation de l'Éthiopie occidentale du P. Labat........................ 1731.
- 1 *pouce au degré.* - 1 *feuille de* 9 *pouces* ½ *de hauteur, sur* 12 ½ *de largeur.*

187. Carte de l'Éthiopie orientale située sur la Mer des Indes, entre le Cap-Guardafouin et le Cap de Bonne-Espérance, dressée sur les meilleurs Mémoires, principalement sur ceux des Portugais. — Pour la Relation d'Abissinie du P. Jérôme Lobo, Jésuite, traduite du portugais en français par Legrand........... 1727.
- 6 *lignes au d.* - 1 *f. de* 24 *po. sur* 15.

AMÉRIQUE SEPTENTRIONALE.

* 188. Carte de l'Amérique Septentrionale.. 1746.
- 8 *l. au d.* - 3 *f. formant* 31 *po. sur* 32.

M. d'Anville a fait plusieurs changemens à cette Carte, en différens temps; 1°. en (1750), il a changé la position des Iles Sainte-Catherine et St.-Andrès, et celle d'Albuquerque, dans le Golfe du Mexique; à la pointe méridionale de la Floride, il a placé les Tortues-Sèches un peu plus au couchant qu'elles ne l'étoient d'abord, en étendant le Banc de sable de ce même côté, et y marquant une sonde; et dans le tableau particulier qui représente les parties septentrionales de l'Amérique, il a corrigé toute la côte nord de la Baie de Hudson, depuis son entrée jusqu'au fort Churchill, d'après le Voyage de Ellis; 2°. en (1756), il a retracé tout le cours de la rivière d'Ohio avec celles qui s'y jettent, d'après sa *Carte du Canada* en quatre feuilles, qu'il venoit de publier; 3°. en (1759), il a refait toutes les Côtes de l'Acadie et de l'Ile-Royale, d'après le Voyage de M. de Chabert et d'autres, et il a changé quelque chose aux environs du Cap Catoche dans le Yucatan; 4°. enfin, en (1761), il a ajouté dans la Mer du Sud, les Iles de Socorro et de la Passion.

* 189. Canada, Louisiane et Terres-Anglaises. 1755. - 1 *pouce* 5 *lignes au degré.* - 4 *feuilles formant* 32 *pouces de hauteur, sur* 42 *de largeur.*

M. d'Anville a rendu compte de la construction de cette Carte, dans un Mémoire qui est indiqué ci-dessous au Catalogue des ouvrages imprimés, N°. 20. Néanmoins, en (1760), il a cru devoir y faire de grands changemens : 1°. il a retracé toute la Nouvelle-Angleterre jusqu'à l'Acadie, les côtes méridionales de l'embouchure du Fleuve Saint-Laurent, ainsi que celles de l'Ile Anticosti; 2°. il a refait entièrement l'Ile Saint-Jean; 3°. il a corrigé toute la partie orientale de l'Ile de Terre-Neuve; 4°. il a jugé à propos de remonter tout le cours du Mississipi, ainsi que toutes les rivières qui s'y jettent vers le nord, à prendre, depuis un peu au-dessus de la Nouvelle-Orléans, jusque vers le 43e. degré de latitude; et 5°. dans la feuille qui représente le Fleuve Saint-Laurent, plus en détail que dans le reste de la Carte, il a changé le cours de la rivière de Richelieu qui vient du Lac-Champlain.

* 190. Carte de la Louisiane dressée en 1732 et publiée en 1752......... 1732 et 1752.
- 5 *pouces au degré.* - 2 *feuilles formant* 19 *pouces de hauteur, sur* 34 *de largeur.*

Cette Carte a été dressée sur les Mémoires de M. Baron.

191. Carte des Iles de l'Amérique et de plusieurs pays de terre-ferme, situés au-devant de ces Iles et autour du Golfe du Mexique, dressée sur un grand nombre de Cartes particulières, sur les instructions des Navigateurs et Voyageurs, sur les récits des Historiens Espagnols qui fournissent des détails qu'on n'a point fait entrer dans les Cartes; le tout réduit sous la projection la plus favorable, et s'accordant avec des déterminations astronomiques de longitude de la Martinique, Saint-Domingue, la Jamaïque, Carthagène et la Louisiane. — Pour l'Histoire de l'Ile Espagnole ou de Saint-Domingue, par le P. de Charlevoix......................... 1731.
- 5 *l. au d.* - 1 *f. de* 11 *po. sur* 16 ½.

192. L'Ile Espagnole, sous le nom indien Hayti, ou comme elle étoit possédée par ses habitans naturels, lors de la découverte, avec les premiers Établissemens des Es-

pagnols. — Pour l'Histoire de l'Ile Espagnole ou de Saint-Domingue, par le Père de Charlevoix................ 1731.
- *1 pouce 3 lignes au degré. - 1 feuille de 7 pouces ½ de hauteur, sur 11 de largeur.*

193. Plan de la ville de San-Domingo. — Pour le même ouvrage............. (1730).
- *6 l. pour 100 toises. - 1 f. de 6 po. sur 4.*

194. L'Ile Espagnole ou de Saint-Domingue, représentée suivant les anciens Établissemens des Espagnols, dressée sur Oviedo et Herrera. — Pour le même ouvrage. .... 1731.
- *1 po. 3 l. au d. - 1 f. de 7 po. ½ sur 11.*

195. Carte de l'Ile de Saint-Domingue avec partie des Iles voisines, dressée sur diverses pièces et instructions, particulièrement sur la dernière Carte de M. Frezier et sur les Mémoires de M. Buttet, mis en œuvre de nouveau. — Pour le même ouvrage................ 1730.
- *1 po. 8 l. au d. - 1 f. de 11 po. sur 16.*

196. Plan du Port de Bayaha à la côte septentrionale de Saint-Domingue. — Pour le même ouvrage............... (1730).
- *½ l. pour 100 toises. - 1 f. de 7 po. sur 4.*

197. Carte particulière du Gouvernement de Venezuela, dressée sur ce que les Es-

pagnols en ont écrit. — Pour l'Histoire de l'Ile Espagnole ou de Saint-Domingue, par le Père de Charlevoix .... 1730.
- 1 pouce 3 lignes au degré. - 1 feuille de 7 pouces ½ de hauteur, sur 11 de largeur.

198. Plan de la Vera-Cruz, port du Mexique. — Pour le même ouvrage...... (1730).
- 7 l. pour 100 *toises. -* 1 *f. de* 7 *po. sur* 5.

199. Carte particulière de l'Isthme de Panama, golfe de Darien, côte de Carthagène jusqu'à Sainte-Marthe. — Pour le même ouvrage....................... 1730.
- 1 po. 7 l. au d. - 1 f. de 7 po. ½ sur 12 ½.

200. Plan de la Rade du Port-Paix, à la côte septentrionale de Saint-Domingue. — Pour le même ouvrage........ (1730).
- 6 l. pour 100 *toises. - 1 f. de 7 po. sur* 9.

201. Plan de la Baie de Carthagène des Indes, lequel diffère de ceux qui ont paru jusqu'à présent, tiré d'une Carte espagnole manuscrite, vérifiée sur des descriptions particulières, et assujettie à la détermination astronomique. — Pour le même ouvrage...................... 1730.
- 1 l. pour 100 *toises. - 1 f. de 7 po. sur* 10.

202. Carte de la Partie de Saint-Domingue habitée par les Français, dressée sur plu-

sieurs Cartes et Instructions particulières, singulièrement sur celles du P. Lepers, Jésuite. — Pour l'Histoire de l'Ile Espagnole ou de Saint-Domingue, par le P. de Charlevoix............... 1731. - 3 *pouces* 4 *lignes au degré.* - 1 *feuille de* 9 *pouces de hauteur, sur* 12 *de largeur.*

AMÉRIQUE MÉRIDIONALE.

* 203. Carte de l'Amérique Méridionale... 1748. - 8 *l. au d.* - 3 *f. formant* 46 *po. sur* 28 ½.

M. d'Anville a rendu compte de la construction de cette belle Carte dans deux *Lettres à MM. du Journal des Savans,* qui sont indiquées au Catalogue des ouvrages imprimés, Nos. 17 et 18, et néanmoins il y a fait beaucoup de changemens depuis : 1°. en (1754), il a ajouté quelques détails dans les montagnes au-dessus de Lima; 2°. en (1760), il a changé tout le cours de l'Orinoco et des rivières qui s'y jettent, ainsi que les côtes des Provinces de Characas et de Venezuela, d'après le P. Gumilla et plusieurs Cartes espagnoles, et il a refait quelques parties de la côte, au nord et au sud de l'île de Chiloë, d'après des renseignemens donnés par des Espagnols; 3°. en (1765), il a corrigé la disposition du Lac de Los-Xareyes, et il a ajouté la partie supérieure du cours de la rivière du Paraguay, d'après des notions fournies par les Jésuites; 4°. en (1772), il a retracé toutes les Iles Malouines, d'après le Voyage de M. de Bougainville; et 5°. en 1779, toute la partie méridionale de la Parana et toute la partie de la contrée du Paraguay qui se trouve comprise entre le Port de Saõ-Pedro et le Cap S. Antonio situé au midi de la rivière de la Plata, ont encore été changées d'après des Cartes manuscrites des Jésuites.

204. Carte de la Guyane-Française ou du Gouvernement de Cayenne, depuis le Cap de Nord jusqu'à la rivière de Maroni inclusivement. — Pour le Voyage de Desmarchais en Guinée et à Cayenne, écrit par le P. Labat. . . . . 1729. - 2 *pouces* 6 *lignes au degré.* - 1 *feuille de* 12 *pouces de hauteur, sur* 12 *de largeur.*

205. Carte de l'Ile de Cayenne et des Rivières voisines, dans laquelle on a marqué nommément toutes les habitations qui composent actuellement cette Colonie française, dressée sur une Carte faite dans le pays, rectifiée et augmentée dans le détail sur les Mémoires de M. Milhau. — Pour le même ouvrage. . . . . . . 1729. - 25 *po. au d.* - 1 *f. de* 12 *po. sur* 16.

206. Carte des Routes de M. de la Condamine, tant par mer que par terre, dans le cours du Voyage à l'Équateur. (Carte réduite.) — Pour le Journal du Voyage à l'Équateur par M. de la Condamine. . . . . 1749.

- 1 *ligne au degré de longitude.* - 1 *feuille de* 6 *pouces* ½ *de hauteur sur* 7 ½ *de largeur.*

207. Carta de la Provincia de Quito, y de sus adyacentes, obra postuma de Don Pedro Maldonado, Gentilhombre de la Camara de S. Mag. y Governador de la Prov. de Esmeraldas, hecha sobre las observaciones astronomicas y geograficas de los Academicos Reales de las Ciencias de Paris y de las Guardias Mar. de Cadiz, y tambien de los RR. PP. Missioneros de Maynas. En que la costa desde la Boca de Esmeraldas hasta Tumaco con la Derrota de Quito al Marañon, por una senda de à pie de Baños à Canelos, y el curso de los rios Bobonaça y Pastaça van delineados sobre las proprias demarcationes del difunto autor. Por el S. d'Anville, Geografo de Sa Mag. Christ^{ma}. de la Acad. Imp. de Petersburg, sacada à la luz por D. C. D. L. C. Paris, 1750. C'est-à-dire: *Carte de la Province de Quito et des pays adjacents, ouvrage posthume de Don Pedro Maldonado, Gentilhomme de la Chambre de Sa Majesté, et Gouverneur de la Province de Esmeraldas, dressée sur les observations astronomiques et géographiques des Académiciens de l'Académie Royale des Sciences de Paris, des*

Gardes marines de Cadiz et des RR. PP. Missionnaires de Maynas; dans laquelle la côte depuis la Bouche de Esmeraldas jusqu'à Tumaco, et la Route de Quito au Maragnon par un chemin de pied de Bagnos à Canelos, et le cours des rivières Bobonaça et Pastaça, sont dessinées sur les propres indications de feu l'Auteur, par le S. d'Anville, Géographe, etc., mise au jour par D. C. D. L. C. (De la Condamine.) *Paris, 1750.* . 1750. - 4 *pouces* 10 *lignes au degré.* - 4 *feuilles formant* 42 *pouces de hauteur, sur* 29 *de largeur.*

Cette Carte, qui est très-détaillée et que M. d'Anville avoit dessiné avec beaucoup de soin, n'étoit pas encore achevée lorsque le Roi d'Espagne en acheta les planches. Il n'en a été tiré, à ce que l'on croit, qu'un seul exemplaire qui se trouve dans la Collection de l'Auteur, au Dépôt des Relations-Extérieures.

208. Carte de la Province de Quito au Pérou, dressée sur les Observations astronomiques, Mesures géographiques, Journaux de route et Mémoires de M. de la Condamine, et sur ceux de Don Pedro Maldonado. — Pour le Journal du Voyage à l'Équateur par M. de la Condamine. .... 1751. - 3 *po. au d.* - 1 *f. de* 21 *po.* ½ *sur* 13.

Cette Carte est une réduction de la précédente.

209. Le Paraguay, où les révérends Pères de la Compagnie de Jésus ont répandu leurs Missions. — Pour le Recueil des Lettres édifiantes, tome XXI de l'ancienne édition, page 279; tome IX de la nouvelle, page 254. . . . . 1733.
- 6 *lignes au degré.* - 1 *feuille de* 11 *pouces de hauteur, sur* 11 *de largeur.*

M. d'Anville a accompagné cette Carte d'*observations géographiques* sur sa construction, qui se trouvent imprimées dans le même Recueil. *Voyez* ci-dessous au Catalogue des ouvrages imprimés, N°. 4.

210. Le Paraguay, tiré de la Carte de l'Amérique Méridionale de M. d'Anville. — Pour . . . . 1760.
- 8 *l. au d.* - 1 *f. de* 14 *po. sur* 15 ½.

---

* 211. Plan de Carte ou Chassis, pour dresser des Cartes particulières sur les lieux. (Sans titre.) . . . . (1732).
. . . . - 1 *f. de* 20 *po. sur* 17.

Un exemplaire de cette planche doit accompagner chacun des Mémoires indiqués ci-dessous au Catalogue des ouvrages imprimés, N°s. 3, 13 et 15.

CATALOGUE

DES

OUVRAGES IMPRIMÉS

DE M. D'ANVILLE,

PAR ORDRE DE DATE,

Suivi de l'indication de ses Mémoires qui sont insérés dans les Recueils des Académies des Inscriptions et Belles-Lettres et des Sciences de Paris, et dans lequel on a distingué par un astérisque, les ouvrages de son fonds.

OUVRAGES DÉTACHÉS.

1. Mémoire instructif, pour faire la Carte (du Diocèse de Lizieux.) . . . . ( ).
   - *in-folio*, 1 *page* ou 2 *colonnes*.

2. Mémoire instructif, pour la révision de la Carte (du Diocèse de Lizieux.) . . . ( ).
   - *in-folio*, 1 *page* ou 2 *colonnes*.

Ces deux Mémoires furent faits à l'occasion de la Carte du Diocèse de Lizieux, mentionnée ci-dessus au Catalogue des Cartes, N°. 123.

3. Mémoire instructif, pour que, dans toutes les Paroisses d'un Diocèse, il soit dressé en même temps et uniformément, par une méthode aisée à pratiquer, des Cartes et des Mémoires particuliers qui puissent fournir un détail suffisant pour la Carte générale de ce Diocèse, ou d'une Province.. 1732. - *in-folio*, 4 *pages* ou 8 *colonnes*.

Ce Mémoire, dont chaque exemplaire est accompagné d'une épreuve de la planche mentionnée au Catalogue précédent, N°. 211, a été fait à l'occasion d'une Carte que l'Évêque de Blois vouloit faire dresser de son Diocèse, et qui fut en effet commencée par M. d'Anville, mais qui est restée imparfaite et au crayon dans ses papiers.

4. Observations géographiques sur la Carte du Paraguay dressée en 1733 pour le Recueil des Lettres édifiantes, tome XXI de l'ancienne édition, page 429; tome IX de la nouvelle, page 254..................1734 et 1781. - 20 *pages*, et 13 *pages in*-8°.

Ces *Observations* portent deux dates, à cause des deux éditions du *Recueil des Lettres édifiantes*. *Voyez* le titre de la Carte, au Catalogue précédent, N°. 209.

5. Proposition d'une Mesure de la terre, dont il résulte une diminution considérable dans sa circonférence sur les parallèles, avec des Observations sur quelques circonstances principales de cet ouvrage......... 1735. - *in*-12. 191 *pages*.

Cet ouvrage doit être accompagné de la Carte mentionnée au Catalogue précédent, N°. 124.

6. Mesure conjecturale de la terre sur l'Équateur, en conséquence de l'étendue de la Mer du Sud........................ 1736.
- *in*-12, 75 *pages*.

Cet ouvrage doit être accompagné de la Carte mentionnée au Catalogue précédent, N°. 109.

7. Lettre au R. P. Castel, Jésuite, au sujet des pays de Kamtchatka et Jeço........ 1737.
- *in*-12, 48 *pages*.

Cet ouvrage doit être accompagné de la Carte mentionnée au Catalogue précédent, N°. 161.

8. Réponse de M. d'Anville au Mémoire envoyé à l'Académie des Sciences, contre la Mesure conjecturale des degrés de l'Équateur, en conséquence de l'étendue de la Mer du Sud. 1738.
- *in*-12, 48 *pages*.

9. Article de la Géographie dans l'Histoire ancienne de M. Rollin, tome XIII de l'édition in-12, page 171 ; tome VI de l'édition in-4°, page 630.................. 1738 et 1740.
- 19 *pages in*-12, et 10 *pages in*-4°.

Cet article est une notice succincte des travaux des Anciens en Géographie, et un examen rapide de l'étendue de leurs connoissances comparées à celles des Modernes.

10. Nomenclature alphabétique de l'Italie proprement dite, par laquelle les noms anciens des pays, peuples, villes, rivières, etc. qui se

trouvent dans l'Histoire Romaine de M. Rollin, sont rendus en noms vulgaires et modernes; dans l'Histoire Romaine de M. Rollin, tome II de l'édition in-12, à la fin; tome I de l'édit. in-4°, page cix.. 1739 et 1752.
- 8 *pages in*-12 et 8 *colonnes ou* 4 *pages in*-4°.

11. Éclaircissemens géographiques sur l'ancienne Gaule, précédés d'un Traité des Mesures itinéraires des Romains, et de la lieue Gauloise .... 1741.
- *in*-12., 536 *pages.*

Il n'y a que le *Traité des Mesures*, composé de 164 pages, qui soit de M. d'Anville; les *Éclaircissemens sur l'ancienne Gaule* sont de l'abbé Belley. Ce volume doit être accompagné des Cartes mentionnées au Catalogue précédent, N°s. 47 et 48.

12. Lettre de M. d'Anville à M. de la Roque, au sujet d'un lieu nommé anciennement *Chora*; dans le Mercure de France d'Août 1742, page 1703.......................... 1742.
- 13 *pages in*-12.

M. l'abbé Lebœuf ayant attaqué les *Éclaircissemens* mentionnés dans l'article précédent, M. d'Anville les défendit par cette Lettre, à laquelle M. l'abbé Belley prit beaucoup de part.

13. Mémoire instructif, pour dresser sur les lieux des Cartes particulières et topographiques d'un canton de pays, renfermant dix ou douze Paroisses.................... 1743.
- *in-folio*, 4 *pages.*

Chaque exemplaire de ce Mémoire doit être accompagné d'une épreuve de la planche mentionnée au Catalogue précédent, N°. 211.

* 14. Analyse géographique de l'Italie..... 1744.
- *in*-4°, 328 *pages*.

Cet ouvrage est un compte rendu de la manière dont M. d'Anville a composé la Carte mentionnée au Catalogue précédent, N°. 129, et doit être accompagné de celles numérotées 130 et 131.

15. Mémoire dressé par ordre de M. Meliand, Intendant de la Généralité de Soissons, pour parvenir à dresser une Carte exacte de cette Généralité.............. 1745.
- *in-folio*, 4 *pages*.

Chaque exemplaire de ce Mémoire doit être accompagné d'une épreuve de la planche mentionnée au Catalogue précédent, N°. 211.

16. Dissertation sur l'étendue de l'ancienne Jérusalem et de son Temple, et sur les Mesures hébraïques de longueur..... 1747.
- *in*-8°, 83 *pages*.

Cet ouvrage doit être accompagné du Plan mentionné au Catalogue précédent, N°. 56.

17. Lettre à MM. du Journal des Savans, sur une Carte de l'Amérique Méridionale. Journ. des Sav. Mars, 1750, pag. 175. 1750.
- 13 *pages* ou 26 *colonnes in*-4°.

18. Seconde Lettre à MM. du Journal des Savans, sur la Carte de l'Amérique Méridionale.

Journ. des Sav. Avril, 1750, p. 210. . 1750.
- 16 *pages* ou 32 *colonnes in*-4°.

Ces deux Lettres contiennent l'Analyse de la Carte de l'*Amérique Méridionale*, mentionnée au Catalogue précédent, N°. 203.

19. Éclaircissemens géographiques sur la Carte de l'Inde. . . . . 1753.
- *in*-4°, 80 *pages*.

Cet ouvrage est l'analyse des Cartes mentionnées au Catalogue précédent, N°s. 162 et 165.

20. Mémoire sur la Carte intitulée : Canada, Louisiane et Terres-Anglaises. . . . . 1756.
- *in*-4°, 26 *pages*.

Ce Mémoire est l'analyse de la Carte mentionnée au Catalogue précédent, N°. 189.

21. L'article Etésiens (Vents) dans l'Encyclopédie, édition in-folio de Paris, 1756, tome VI, page 50. . . . . 1756.
- 1 *colonne* ou ½ *page in-folio*.

22. Analyse de la Carte intitulée : Les Côtes de la Grèce et l'Archipel. . . . . 1757.
- *in*-4°, 60 *pages*.

Cet ouvrage est relatif à la Carte mentionnée au Catalogue précédent, N°. 132.

23. Notice de l'ancienne Gaule, tirée des Monumens Romains. . . . . 1760.
- *in*-4°, 778 *pages*.

Cet ouvrage doit être accompagné de la Carte mentionnée au Catalogue précédent, N°. 46.

24. Mémoires sur l'Égypte ancienne et moderne, suivis d'une Description du Golfe-Arabique ou de la Mer-Rouge....... 1766.
- *in*-4°, 316 *pages*.

Cet ouvrage doit être accompagné des Cartes mentionnées au Catalogue précédent, Nos. 58, 170, 173, 174 et 175.

25. Géographie Ancienne abrégée....... 1768.
- 3 *vol. in*-12, *contenant* 1094 *pages*.

Cette édition est souvent accompagnée de petites Cartes que le Libraire a fait réduire d'après les grandes de M. d'Anville; mais elles sont très-fautives, et n'ont jamais été avouées par M. d'Anville.

26. La même......................... 1769.
- *in-folio*, 136 *pages* ou 273 *colonnes*.

Cet ouvrage doit être accompagné des Cartes mentionnées au Catalogue précédent, Nos. 42, 43, 46, 49, 50, 52, 55, 57 et 58.

* 27. Traité des Mesures itinéraires anciennes et modernes...................... 1769.
- *in*-8°, 199 *pages*.

* 28. Etats formés en Europe après la chute de l'Empire Romain en Occident..... 1771.
- *in*-4°, 275 *pages*.

Cet ouvrage doit être accompagné de la Carte mentionnée au Catalogue précédent, N°. 59; et à la fin est une nouvelle édition du *Mémoire sur les Peuples qui habitent aujourd'hui la Dace de Trajan*, que M. d'Anville avoit déjà donné dans le XXXe. volume du Recueil de l'Académie des Inscriptions et Belles-Lettres.

29. L'Empire Turc considéré dans son établissement et dans ses accroissemens successifs .... 1772.
- *in*-12, 142 *pages*.

30. L'Empire de Russie, son origine et ses accroissemens .... 1772.
- *in*-12, 225 *pages*.

Les deux ouvrages précédens sont souvent réunis sous le titre général de *l'Empire Turc et l'Empire de Russie*.

31. Éloge de M. Gravelot dans le Nécrologe des hommes célèbres de France, année 1773, page 105 .... 1773.
- 13 *pages in*-12.

M. Gravelot, célèbre Dessinateur, étoit le frère de M. d'Anville, et c'est de son crayon que sont sortis presque tous les cartouches des Cartes de celui-ci.

* 32. Antiquité géographique de l'Inde et de plusieurs autres contrées de la Haute-Asie.......................... 1775.
- *in*-4°, 261 *pages*.

Cet ouvrage doit être accompagné des Cartes mentionnées au Catalogue précédent, Nos. 57, 97 et 99; et à la suite de ce volume se trouve une nouvelle édition de deux Mémoires que M. d'Anville avoit déjà donnés dans le XXXIIe. volume du Recueil de l'Académie des Belles-Lettres; l'un intitulé : *Limites du Monde connu des Anciens au delà du Gange*, et l'autre : *Recherches géographiques et historiques sur la Sérique des Anciens.*

* 33. Mémoire sur la Chine............. 1776.
- *in*-8°, 47 *pages*.

* 34. Considérations générales sur l'étude et les connoissances que demande la composition des ouvrages de Géographie.. 1777.
- *in*-8°, 111 *pages*.

* 35. Mémoire sur la Mer-Caspienne, lû à l'Académie des Sciences en Mai 1777 ......1777.
- *in*-4°, 18 *pages*.

Ce Mémoire doit être accompagné de la Carte mentionnée au Catalogue précédent, N°. 107. Il est aussi imprimé dans le Recueil de l'Académie des Sciences, année 1774, comme on peut voir ci-dessous au N°. 78.

* 36. L'Euphrate et le Tigre.............. 1779.
in-4°, 160 *pages*.

Cet ouvrage doit être accompagné de la Carte mentionnée au Catalogue précédent, N°. 54.

* 37. Mémoire sur les Cartes de l'ancienne Gaule qu'il a dressées................. 1779.
- *in*-4°, 11 *pages*.

38. Mémoire sur la Vallée de Tempé.... 1779.
- *in*-12, 8 *pages*.

MÉMOIRES

INSÉRÉS DANS LE RECUEIL DE L'ACADÉMIE DES INSCRIPTIONS ET BELLES-LETTRES, édition *in*-4°.

39. Réponse à une demande faite à l'Académie sur la différence entre le pas militaire du soldat Romain et celui du soldat Français. Tome XXV, Histoire, page 187........ .... Lûe le 9 Juillet 1754. - 2 *pages*.

40. Mémoire sur la Nation des Gètes et sur le Pontife adoré chez cette nation. Tome XXV, Mémoires, p. 34. Lû le 12 Novembre 1754. - 14 *pages*.

41. Dissertation sur les Sources du Nil, pour prouver qu'on ne les a point encore découvertes. Tome XXVI, p. 46 .... Lûe le....... ( ). - 18 *pages*.

Cette Dissertation est accompagnée de la Carte mentionnée au Catalogue précédent, N°. 76.

42. Mémoire concernant les Rivières de l'intérieur de l'Afrique, sur les notions tirées des Anciens et des Modernes. Tome XXVI, p. 64............Lû le....... ( ). - 18 *pages*.

Ce Mémoire est accompagné de la Carte mentionnée au Catalogue précédent, N°. 77.

43. Mémoire sur la Mesure du schène égyptien et du stade qui servoit à le composer. Tome XXVI, page 82. . Lû le . . ( ). - 6 *pages*.

Ce Mémoire est accompagné de la Carte mentionnée au Catalogue précédent, N°. 78.

44. Discussion de la mesure de la terre par Eratosthène, servant à confirmer la mesure du schène égyptien donnée dans le Mémoire précédent. Tome XXVI, p. 92. . . . . Lûe le. . . . . ( ). - 9 *pages*.

45. Remarques sur la détermination en latitude de plusieurs positions principales dans le Levant. Tome XXVII, Histoire, p. 101. . . . . Lûes le 3 Mai 1757. - 8 *pages*.

46. Découverte d'une Cité jusqu'à présent inconnue dans l'ancienne Gaule (la Cité d'Erve.) Tome XXVII, Histoire, p. 108. . . . . Lûe le 18 Février 1757. - 6 *pages*.

Ce Mémoire est accompagné du Plan mentionné au Catalogue précédent, N°. 79.

47. Mémoire sur un Monument très-ancien sculpté dans une montagne de la Médie. Tome XXVII, Hist., p. 159. . Lû le 4 Mars 1755. - 8 *pages*.

48. Mémoire sur la position de Babylône. Tome XXVIII, page 246... Lû le 25 Avril 1755. - 14 *pages*.

Ce Mémoire est accompagné de la Carte mentionnée au Catalogue précédent, N°. 80.

49. Description de l'Hellespont ou du Détroit des Dardanelles. Tome XXVIII, p. 318.......... Lûe le 19 Mars 1756. - 27 *pages*.

Cette Description est accompagnée de la Carte mentionnée au Catalogue précédent, N°. 81.

50. Mémoire sur le Mille Romain. Tome XXVIII, p. 346........... Lû le 7 Février 1755. - 16 *pages*.

Ce Mémoire est accompagné de la Carte mentionnée au Catalogue précédent, N°. 82.

51. Mémoire sur le Portus Itius, et sur le lieu du débarquement de César dans la Grande-Bretagne. Tome XXVIII, p. 397....... .... Lû le 13 Décembre 1757. - 13 *pages*.

Ce Mémoire est accompagné de la Carte mentionnée au Catalogue précédent, N°. 83.

52. Mémoire sur les Villes de Taurunum et de Singidunum, et sur d'autres lieux déterminés par leur situation, sur des voies Romaines, dans la Pannonie inférieure et dans la Mœsie. Tome XXVIII, p. 410........... Lû le....... (   ). - 34 *pages*.

Ce Mémoire est accompagné de la Carte mentionnée au Catalogue précédent, N°. 84.

53. Description de la Dace conquise par Trajan. Tome XXVIII, page 444.............................. Lûe le 24 Juillet 1755.
- 19 *pages.*

Cette Description est accompagnée de la Carte mentionnée au Catalogue précédent, N°. 85.

54. Mémoire sur le Li, mesure itinéraire des Chinois. Tome XXVIII, p. 487......................... Lû le........( ).
- 16 *pages.*

55. Éclaircissemens demandés sur quelques points de Géographie dans l'Arabie-heureuse ou l'Yémen, par les Académiciens Danois. T. XXIX, Histoire, p. 20.. Lûs le.... 1760.
- 2 *pages.*

56. Sur la différence de latitude et de longitude entre Alexandrie et Syéné. Tome XXIX, Histoire, p. 250..... Lû le 3 Juin 1755.
- 13 *pages.*

Ce Mémoire est accompagné de la Carte mentionnée au Catalogue précédent, N°. 86.

57. Mémoire sur le pays d'Ophir, où les flottes de Salomon alloient chercher de l'or. Tome XXX, p. 83.. Lû le 12 Juin 1759.
- 11 *pages.*

Ce Mémoire est accompagné de la Carte mentionnée au Catalogue précédent, N°. 87.

58. Mémoire sur la situation de Tartessus, ville maritime de la Bétique, et sur la largeur du Fretum-Gaditanum. Tome XXX, page 113........... Lû le 15 Juin 1756. - 19 *pages*.

Ce Mémoire est accompagné de la Carte mentionnée au Catalogue précédent, N°. 88.

59. Recherches géographiques sur le Golfe-Persique et sur les Bouches de l'Euphrate et du Tigre. Tome XXX, p. 132..................... Lûes le 17 Novembre 1758. - 66 *pages*.

Ces Recherches sont accompagnées de la Carte mentionnée au Catalogue précédent, N°. 89.

60. Mémoire sur l'étendue de l'ancienne Rome et sur les grandes voies qui sortoient de cette ville. T. XXX, p. 198. Lû le 13 Août 1756. - 39 *pages*.

Ce Mémoire est accompagné de la Carte mentionnée au Catalogue précédent, N°. 90.

61. Mémoire sur les Peuples qui habitent aujourd'hui la Dace de Trajan. Tome XXX, p. 237............ Lû le 2 Mars 1759. - 25 *pages*.

M. d'Anville a fait réimprimer ce Mémoire en 1771, à la suite de son ouvrage intitulé : *États formés en Europe*, etc., page 241, cité ci-dessus, N°. 28.

62. Du Rempart de Gog et de Magog. Tome XXXI, Hist., p. 210. Lû le 22 Mai 1761. - 10 *pages*.

Ce Mémoire est accompagné de la Carte mentionnée au Catalogue précédent, N°. 91.

63. Mémoire sur deux villes qui ont porté le nom de Justiniana. Tome XXXI, Histoire, page 287.......... Lû le 21 Avril 1761. - 6 *pages*.

Ce Mémoire est accompagné de la Carte mentionnée au Catalogue précédent, N°. 92.

64. De la Mesure itinéraire Arménienne. Tome XXXI, Hist., p. 292. Lû le 3 Août 1762. - 9 *pages*.

65. Description du Golfe d'Ambracie, où s'est donnée la bataille d'Actium. Tome XXXII, p. 513......... Lûe le 17 Février 1761. - 16 *pages*.

Cette Description est accompagnée de la Carte mentionnée au Catalogue précédent, N°. 93.

66. Recherches géographiques sur l'Ile de Cypre. Tome XXXII, p. 529.................................. Lûes le 28 Mai 1762. - 30 *pages*.

Ces Recherches sont accompagnées de la Carte mentionnée au Catalogue précédent, N°. 94.

67. Recherches géographiques concernant l'Expédition de l'Empereur Héraclius en Perse. Tome XXXII, p. 559.............................. Lûes le 19 Novembre 1762. - 14 *pages*.

Ces Recherches sont accompagnées de la Carte mentionnée au Catalogue précédent, N°. 95.

68. Recherches géographiques et historiques sur la Sérique des Anciens. Tome XXXII, page 573........ Lûes le 7 Juillet 1761. - 31 *pages*.

Ces Recherches sont accompagnées de la Carte mentionnée au Catalogue précédent, N°. 96. M. d'Anville les a fait réimprimer en 1775, en supplément à son ouvrage intitulé : *Antiquité géographique de l'Inde*, etc., page 199, cité ci-dessus, N°. 32.

69. Limites du Monde connu des Anciens au-delà du Gange. Tome XXXII, p. 604... .... Lû le 17 Mai 1763. - 23 *pages*.

Ce Mémoire est accompagné de la Carte mentionnée au Catalogue précédent, N°. 98. M. d'Anville l'a fait réimprimer en 1775, en supplément à son ouvrage intitulé : *Antiquité géographique de l'Inde*, etc., page 161, cité ci-dessus, N°. 32.

70. Du Lac Asphaltite ou de la Mer-Morte. Tome XXXIV, Histoire, page 126....... .... Lû le........ ( ). - 7 *pages*.

Ce Mémoire est accompagné de la Carte mentionnée au Catalogue précédent, N°. 100.

71. Examen critique d'Hérodote sur ce qu'il rapporte de la Scythie. Tome XXXV, p. 573.......... Lû le....... ( ). - 19 *pages*.

Cet Examen est accompagné de la Carte mentionnée au Catalogue précédent, N°. 101.

72. Mémoire sur la Mer-Erythrée. Tome XXXV, page 591........ Lû le 25 Février 1766. - 9 *pages.*

Ce Mémoire est accompagné de la Carte mentionnée au Catalogue précédent, N°. 102.

73. Mémoire sur l'étendue de Constantinople, comparée à celle de Paris. Tome XXXV, p. 747............. Lû le 15 Juin 1764. - 11 *pages.*

Ce Mémoire est accompagné du Plan mentionné au Catalogue précédent, N°. 103.

74. Des Fleuves du nom d'Araxe. Tome XXXVI, Histoire, p. 79... Lû en Novembre 1768. - 7 *pages.*

75. Mémoire sur la Navigation de Pythéas à Thulé, et Observations géographiques sur l'Islande. Tome XXXVII, p. 436........ .... Lû le...... (   ). - 7 *pages.*

76. Mémoire sur les noms de Peuples et de Villes dont le fragment du 91e livre de Tite-Live, trouvé dans un manuscrit du Vatican de l'ancienne Bibliothèque Palatine, fait mention. Tome XLI, p. 761.............. .... Lû le 20 Août 1773. - 14 *pages.*

Ce Mémoire est accompagné de la Carte mentionnée au Catalogue précédent, N°. 104.

MÉMOIRES

INSÉRÉS DANS LE RECUEIL DE L'ACADÉMIE DES SCIENCES, édition *in*-4°.

77. Mémoire pour corriger les Cartes de Géographie sur la latitude de la Mésopotamie, entre l'Euphrate et le Tigre. Année 1773, page 68........... Lû le 7 Juillet 1773. - 5 *pages*.

Ce Mémoire est accompagné de la Carte mentionnée au Catalogue précédent, N°. 106.

78. Mémoire sur la Mer-Caspienne. Année 1774, p. 368.............. Lû le 7 Mai 1777. - 12 *pages*.

Ce Mémoire est accompagné de la Carte mentionnée au Catalogue précédent, N°. 107. M. d'Anville l'a fait imprimer séparément en 1777, comme on peut voir ci-dessus au N°. 35.

FIN.

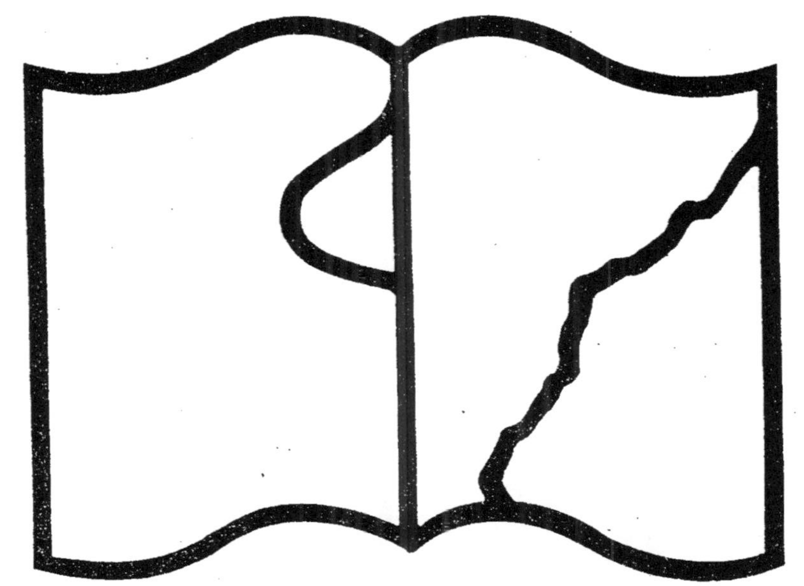

Texte détérioré — reliure défectueuse

Contraste insuffisant

NF Z 43-120-14

www.ingramcontent.com/pod-product-compliance
Ingram Content Group UK Ltd.
Pitfield, Milton Keynes, MK11 3LW, UK
UKHW012043240726
13965UKWH00003B/1015

9 782012 924550